一本书明白

合作社运营

YIBENSHU
MINGBAI
HEZUOSHE
YUNYING

何安华　主编

山东科学技术出版社　山西科学技术出版社　中原农民出版社
江西科学技术出版社　安徽科学技术出版社　河北科学技术出版社
陕西科学技术出版社　湖北科学技术出版社　湖南科学技术出版社

中原农民出版社　联合出版

“十三五”国家重点
图书出版规划

新型职业农民书架·
管能生财系列

图书在版编目（CIP）数据

一本书明白合作社运营/何安华主编. —郑州：中原农民出版社，2017.12（2018.11重印）
（新型职业农民书架·管能生财系列）
ISBN 978-7-5542-1814-3

Ⅰ.①一… Ⅱ.①何… Ⅲ.①农业合作社–专业合作社–运营–基本知识–中国 Ⅳ.①F321.42

中国版本图书馆CIP数据核字（2017）第305344号

一本书明白合作社运营
主 编：何安华

出版发行 中原出版传媒集团 中原农民出版社
（郑州市经五路66号 邮编：450002）
电 话 0371-65788677
印 刷 河南育翼鑫印务有限公司
开 本 787mm×1092mm 1/16
印 张 9.5
字 数 120千字
版 次 2018年1月第1版
印 次 2018年11月第3次印刷

书 号 ISBN 978-7-5542-1814-3
定 价 20.00元

目录 Contents

单元一
什么是农民合作社

内容提示

如果你打算了解或兴办农民合作社（如无特别说明，本书中的“合作社”是“农民合作社”的简称），那么你就需要先搞清楚你能从农民合作社中获得什么好处，究竟什么是农民合作社，兴办哪种类型的农民合作社才能满足你的实际需要，农民合作社跟我们常见的公司、协会、村集体经济组织等有哪些不同之处，通过本单元的阅读，你将从中找到答案。

一、为什么要组建合作社

先来看几个数字，2007 年年底，我国农民合作社登记数量不足 3 万家，到 2008 年 9 月底，增加到 7.96 万家（含分支机构），到 2012 年 6 月底达到 82.8 万家，实有成员（农民合作社的成员，有时又简称为“社员”，本书所说的“成员”等同于“社员”，在全书中将交替使用）达 6 540 多万户，占农户总数的 25.2%。到 2013 年年底达到 95.07 万家（包括专业合作社、股份合作社等），实有成员达 7 221 万户，占农户总数的 27.8%。到 2015 年 11 月初，我国各类农民合作社达到了 133.74 万户。经过 8 年时间，我国的农民合作社数量已是 2007 年的 40 多倍。

从这些数字里面，我们可以发现什么呢？用一个词去概括，那就是“利益”，也就是常说的“好处”。合作社的数量增长这么快，毫无疑问有政策推动的作用，但根本的原因还是要从农民的角度去看，即农民兴办和参加合作社是能够切切实实获得“好处”的。

（一）小农户的无奈

兴办和加入合作社究竟能获得哪些“好处”呢？下面列举了一些在农业生产经营过程中经常遇到的问题，农民朋友可以对照一下，看看自己是否遇到过或者看到过身边亲朋好友存在类似情况。

（1）家里准备种水稻、蔬菜等，或者养蛋鸡、鱼等，种子、苗种去哪里买才有质量保证？现在市面上劣质种子、苗种那么多，要是一不留神买到假的、劣质的，一年就得白忙活了。

（2）化肥、农药、药品需要自己花好多时间去挑选，购买的时候也没有多少讨价还价的余地。

（3）需要犁地、打药、收割等服务的时候，找不到工程队上门服务。工程包工头说你一家才三五亩地，规模太小了，我们大老远跑来出工出力还挣不了几个钱，你另请高明吧！

（4）好不容易等到农产品可以上市了，免不了会问同类产品好不好卖，能卖多少钱，拨一通电话向朋友们打听又费了不少劲，打听回来的市场信息还不一定准确。

（5）上门收购的二道贩子比往年明显少了，眼看这些产品再卖不出去就要血本无归了，愁啊！

（6）终于有人上门看中自家的产品了，可是报价又有点低，卖了吧，心里总有点不舒服；不卖吧，又担心没人上门收购或者报价更低。最可恨的是，跟收购商讨价还价，一斤增加几分钱都是非常困难的，心里憋屈。

（7）看到邻村有人把产品分类、分级或者储藏到淡季再上市，或者跟农产品加工企业合作，既能卖上好价钱又能参与分享加工收益，而自己只能卖初级农产品。

上面提到的都是国内多数一家一户的小规模农户经常遇到的无奈之事。但是，这种无奈现状是可以改变的，例如可以通过扩大生产经营规模，然而我国人多地少的基本国情，每家每户都扩大经营规模显然是不现实的。

广大农户可以选择另一条道路——合作。为什么要合作？道理很简单，人多力量大，众人拾柴火焰高，抱团闯市场。对我国的农户来说，最简单易行的一种合作方式就是兴办合作社，一是因为入社的成员多数是同村或者邻村的人，彼此知根知底，有乡邻感情，容易“信得过”；二是这么多人里面更容易出现一个有较强经营管理能力的精英人物去担任团队的“盟主”，这个“盟主”都是大家所熟知的；三是团队形成规模更容易引来资金、技术、政府帮助等外部资源。

（二）合作社能带来哪些好处

兴办和参加合作社，农户能够直接或间接增收，获得的好处至少有如下几个：

（1）扩大了经营规模，降低了生产成本。合作社将多数农户的购买需求统一汇总起来，以较低的市场价格统一批量采购农用生产资料；联合购买使用大型农业机械、加工设备等，解决了单个农户无力购买大型设备或独自购买不划算的难题；联合引进、使用先进技术，降低单个农户提高技术水平的成本。

（2）减少农户跟市场的交易次数，降低了交易成本。加入合作社后，农户不再需要单家独户面对大市场，而是通过合作社跟市场连接，在农资购买、农产品销售、技术引进等各个环节由合作社统一对接市场，农户不再为了寻找市场交易对象费心费力。

（3）提高农户的市场谈判地位，增强了议价能力。在产品销售环节，由合作社的业务人员和收购商进行谈判，既避免了过去个体农户急于出售产品而相互压价的局面，又因合作社可售商品量大而拥有一定的定价权和议价权，农户从“被人选择”翻身成了“选择别人”。购买农资的情形也一样，合作社通过统一购买、统一生产、统一销售、统一经营等多个“统一”，在各环节都有较强的谈判能力。

（4）合作社按统一规程指导农户生产。这有助于农户进行标准化生产，保障农产品的质量安全，提高了产品品质，容易创建本地区的农产品品牌，以优质优价名牌产品获得更高收益。

（5）农户可以从合作社获取到廉价甚至免费的技术服务和信息服务。

（6）农户更容易获得培训机会，提高了自身生产技能。一方面，加入合作社的农户可以借助合作社的平台，接受合作社提供的各项技术培训服务和技术指导；另一方面，政府部门、科研教学机构通常通过合作社推广现代农业科技，帮助农户通过培训提升农业技能，增强创收能力。参加合作社的农户会优先获得这些培训机会。

（7）农户可以通过社内资金互助解决短期发展资金紧缺难题。发展较好的合作社通过开展资金互助业务，打通银行贷款渠道，为社员搭建资金互助平台，为社员解决贷款难、融资难等问题。

（8）合作社通常会建立盈余二次返还的分配制度。农户社员除了在跟合作社进行产品交易时获得比市场价稍高的交易收益外，还能按交易量（额）获得年终盈余返还，直接增加收入。

（9）有条件的合作社兴办农产品加工，可让农户社员也一同参与到加工环节的收益分配。

（10）农户通过合作社为其设立的公积金账户可直接有效享受国家对农业、农村和农民的各类扶持政策。

安徽省淮南市寿县绿色家园合作社是如何带领社员增收的

寿县绿色家园生态农业种植服务专业合作社（下文以“合作社”简称）成立于 2010 年 1 月 13 日。合作社成立之初适逢多年不遇的低温雪灾，致使寿县大面积油菜冻死。望着一片又一片光秃秃的土地，合作社的负责人看在眼里，急在心里。已经是寒冬腊月了，这么多的空田还能补种什么好呢？1月下旬，合作社在众兴、安丰、保义等6个乡镇进行“水稻茬冬闲田稻草覆盖脱毒马铃薯”栽培示范。3 个多月过去，6 个示范点全部成功。他们的大胆尝试，引起了市、县有关部门的重视，寿县电视台、寿县农业信息网等多家媒体进行了专题报道。

合作社按照“规模化、产业化、品牌化”的总体思路，在广泛征求社员意见的基础上，制定了脱毒马铃薯产销“六统一”管理模式。

一是统一供应种薯。为了让农民种得放心，合作社在供应种薯的同时即和种植农户签订商品马铃薯回收合同。100 克以上的每千克最低保护价 1 元，市场价格高于此价时，随行就市。社员吃了一颗定心丸，保证了脱毒马铃薯种植面积按计划落到实处，适时播种、精细管理得到保障。

二是统一补贴标准和资金发放。为了调动群众利用冬闲田发展马铃薯生产的积极性，市、县政府分别按照每亩 100 元和 250 元的标准对种植户进行补贴。为管好用好这笔资金，合作社设立专门银行账户，专人管理补贴款，按照种植面积及时把补贴款发放到种植户手中。做到专款专用责任到人，确保上级的惠民政策不折不扣地落到实处。

三是统一技术培训。合作社先后与安徽省农业科学院园艺所省薯类脱毒中心、六安金土地科普示范园签订技术合作协议，在生产管理各关键时期到来之前，邀请两地专家进行培训，并深入基地现场指导种植户搞好田间管理。绝大部分种植户都接受了 4 次以上的技术培训和指导。

四是统一配方施肥。合作社邀请县土壤肥料站的专家对基地进行测土化验，根据测土结果分区域制定配方施肥标准。为避免种植户因施肥不当影响商品薯品质甚至造成减产，合作社与徽商农家福公司合作，按照农业专家提供的配方，量身定做生产配方肥，随种薯一起供应到农户手中。

五是统一病虫害防治。合作社统一采购高效低毒低残留的生物农药，统一防治，避免了因一家一户分散防治造成的乱用药、商品薯农药残留超标等现象的发生。

六是统一推介销售。合作社制定产品收购质量标准，对商品薯实行大小分级包装，注册“寿丰”牌商标统一对外宣传推介，打造属于合作社自己的品牌。为了让农民生产的优质马铃薯能及时销售出去，合作社先后组织人员到上海、南京、合肥、武汉等大中城市了解市场行情，寻求订单合作。同时在县农业部门的支持下，通过召开现场测产观摩会、邀请合肥和六安电视台等媒体宣传报道、在网上发布产销信息、到周谷堆市场推介推销、到安徽高校后勤配送中心以及合肥地区连锁超市上门对接等方式，大力宣传推介促销。积极的促销手段，一流的产品质量，良好的服务态度，引来了大批客商上门收购。高峰时期，日销量在 200 余吨。

2011 年，在遭受早春低温冻害和后期持续干旱的情况下，合作社种植的 2 000 亩脱毒马铃薯仍取得亩均 2 000 千克左右的产量，总产达 4 000 吨。按平均批发价每千克 1.4 元计算，亩产值 2 800 余元，与小麦、油菜相比，种植马铃薯亩均纯收入增加 1 500 余元，种植户户均增收近万元。

（来源：安徽农民专业合作社网 http://www.ahhzs.com）

【点评】

面对油菜冻死失收，单家独户的农户大多是撂荒土地或转种其他收益不确定的作物。但在本案例中，绿色家园生态农业种植服务专业合作社带领农户闯出了一条增收之路，并使冬闲田种植马铃薯成为当地的一个重要产业，为当地农户持续增收打下基础。该合作社采用的“六统一”管理模式既为社员解决了生产时的农资供应难题，又解决了社员将产品生产出来之后的销售顾虑，同时通过统一技术指导、统一施肥和统一病虫害防治，提高了马铃薯的质量，再通过统一品牌销售获得较高的市场价格。合作社的这些手段都促进了社员增收。此外，合作社设立专门银行账户更是确保了社员真实享受到政策红利。

二、合作社究竟是什么

（一）什么是合作社

农民专业合作社是在农村家庭承包经营基础上，同类农产品的生产经营者或者同类农业生产经营服务的提供者、利用者，自愿联合、民主管理的互助性经济组织。

农民专业合作社以其成员为主要服务对象，提供农业生产资料的购买，农产品的销售、加工、运输、贮藏以及与农业生产经营有关的技术、信息等服务。

农民专业合作社和农民合作社是一回事吗？

两者的差别就在于“专业”二字。2007年以前，国内就出现了很多合作社，当时的名称多数笼统地称为种植合作社、养殖合作社、水产合作社等。2007年7月1日《农民专业合作社法》颁布实施后，合作社从名称上就可以反映出它的主要经营范围，例如：蔬菜种植专业合作社、养猪专业合作社、草鱼养殖专业合作社等。但是，随着时代的发展，农村又涌现出其他类型的合作经济组织，这些组织也冠之以“合作社”的名称，例如社区型股份合作社。到了2013年，中央1号文件就使用了“农民合作社”这个概念。可以说，农民合作社的范畴比专业合作社要大得多，它包括了专业合作社、综合合作社、股份合作社、合作社联合社等。

但我们口头上常说的农民合作社，主要还是指专业合作社，这是因为专业合作社的数量太多了，在数量上完全压倒了别的类型的合作社。而且，目前指导合作社规范发展的法律只有《农民专业合作社法》。

（二）合作社是干什么的

合作社是劳动者组成的利益共同体，是劳动者进行自我服务的经济组织。《农民专业合作社法》规定，农民专业合作社应当遵循以服务成员为宗旨，谋求全体成员的共同利益。

如何理解合作社的宗旨？

合作社首先是一个农民成员为主的组织。它坚持以服务成员为宗旨，就要求合作社在对成员提供服务的过程中，其根本目的不是盈利，更不是通过为成员提供服务的方式去追求利润最大化，而是对全体成员提供各类服务，带领成员实现共同富裕。对社内成员提供服务是合作社始终不变的宗旨。

从市场经济的视角看，合作社是一个经济组织，而经济组织存在的目的在于追逐利润，因此，合作社除了坚持对内提供服务之外，还需要对外以利益最大化为目的，这一点跟任何一个经济主体（公司）都是一致的。合作社只有对外追逐利润，增强创收能力和拓宽创收渠道，才能在市场竞争中存在并发展，也才能更有财力支撑去为成员提供更多服务。

三、合作社的原则与主要类型

（一）合作社的一些基本原则

在世界合作运动 170 多年的发展历程中，随着国际经济、政治、文化环境的变化和合作社实践的发展，国际合作社联盟多次修改了合作社原则。但总的来看，合作社的基本原则没有改变。

1. 罗虚代尔原则

1844 年，世界公认最早的较规范合作社——罗虚代尔“公平先锋社”在英国的曼彻斯特诞生。随着罗虚代尔公平先锋社的成功，罗虚代尔原则被广泛传播。1895 年，国际合作社联盟成立后，罗虚代尔公平先锋社的原则被定为国际合作社联盟办社原则。

罗虚代尔原则的主要内容可概括为 8 条：

（1）开放和入社自由。社员入社自愿，退社自由，但要承认合作社章程，履行社员的义务，承担社员的责任。社员参加合作社出于一个共同的目的：维护社员利益，减轻中间盘剥，改善社员的生活条件和社会地位。

（2）民主管理，一人一票。社员大会是合作社的最高权力机构，合作社的一切重大事项都必须经社员大会讨论决定，合作社的管理人员由社员大会选举产生，民主管理，向全体社员负责。在表决时，每个社员无论股份多少，都只有一票的权利，避免了少数人凭借较多的股份控制合作社。

（3）现金交易。社员在任何情况下都不能以任何借口不用现金交易；不准赊购货物，也不准赊销货物，如有违反，不仅处以罚款，并认为不称职。这是因为在合作社刚成立时，股本较少，如果允许赊欠，就会造成资金周转困难，直接影响到合作社的成败。后来随着信贷事业的发展，这一条又做了修正。

（4）按市价售货。为了保证合作社有一定的盈利，合作社按市场价格销售货物。盈利的分配，先扣除股息和经营费用，同时留一部分用作公积金和教育基金，其余大部分按社员购买额的比例进行分配。

（5）销售货真量足的商品。合作社针对当时商人投机取巧行为制定了此原则，要求向社员如实介绍商品情况，保证商品质量，不弄虚作假，不缺斤少两，树立诚实的商业作风。

（6）按惠顾额分配盈余，资本利息有限。合作社的盈余在做了必要的扣除后，在年终按各个社员和合作社发生的业务交易量的比例返还给社员。社员入社的股金可以获得利息，但不参加分红，而且股金的利息严格限制在一般不超过市面上通行的普通利率。

（7）重视社员教育。规定合作社每年从盈余中提取 2.5% 作为教育基金，对社员进行文化、合作思想和道德的教育。

（8）政治和宗教严守中立。合作社既不是政治团体，也不是宗教组织，不同政治观点和宗教信仰的人都可以加入合作社。

2. 传统合作社原则

1995 年 9 月，国际合作社联盟通过《关于合作社特征的宣言》，对合作社原则做了修改。明确了合作社奉行的 7 项基本原则：

（1）自愿和成员资格开放。合作社对所有能够使用其服务和愿意承担成员义务的人开放，没有性别、社会地位、种族、政治或宗教歧视，成员自愿加入。

（2）成员民主控制。合作社由成员民主控制，成员积极参与制定合作社的规章制度和合作社的决策。选举产生的成员代表对全体成员负责。在基层合作社中，成员享有平等选举权（一人一票），其他层次的合作社，也按民主方式组织。

（3）成员经济参与。成员按照公平方式认购合作社股本，合作社资本金至少有一部分是合作社的公共财产。成员对盈余按以下的目的进行分配：可以通过建立储备金来发展合作社，其中至少有一部分是不可分割的；按成员和合作社的交易份额返还给成员；用于支持成员批准的其他活动。

（4）自治和独立。合作社是由成员控制的自治、自助组织。如果他们与其他组织达成协议，包括政府，他们要在条款中确认其成员的民主控制和保持合作社的自治。

（5）教育、培训和宣传。合作社向成员、成员代表、管理人员和雇员提供教育和培训，以便他们能有效地为合作社的发展做出贡献；向年轻人宣传合作社的性质和好处。

（6）合作社之间的合作。合作社以最有效的方式为其成员服务，并通过地方、全国、地区和国际间的共同工作来加强合作社运动。

（7）关心社区。合作社通过成员批准的政策去促进社区的持续发展。

与罗虚代尔原则相比，1995 年修改后的合作社原则对基层合作社以外的其他合作层次，不再强调一人一票的平等原则。在合作社的盈余分配中，特意增加了公共积累不可分割的内容，同时还强调了合作社应保持独立和自治的重要性。

3.我国的合作社原则

我国的合作社原则既坚持了国际合作社联盟的核心原则，又体现了中国农村合作事业发展的特色。

按照《农民专业合作社法》规定，合作社应当遵循的基本原则包括：

（1）成员以农民为主体。《农民专业合作社法》第十五条规定，农民至少应当占成员总数的 80%。对合作社非农民成员的数量进行限制，防止了合作社被非农民或企业所控制。

（2）以服务成员为宗旨，谋求全体成员的共同利益。合作社是成员自我服务的组织，目的是通过合作互助提高规模效益，完成单个农民办不了、办不好、办了不合算的事。这种互助特点，决定了它以成员为主要服务对象，并且是为全体成员的共同利益而行动。

（3）入社自愿、退社自由。凡具有民事行为能力、能够利用合作社提供的服务、承认并遵守合作社章程的农民，都可以申请入社。农民可以自愿加入一个或者多个合作社。同时，农民退社只需要按照章程规定的方式和期限向合作社提出声明即可，无须批准。合作社对退社成员退还记载在该成员账户内的出资额和公积金份额，并将成员资格终止前的可分配盈余，依法返还给成员。农民加入或退出合作社，都是个人的自由选择，任何组织和个人都无权干涉。

（4）成员地位平等，实行民主管理。合作社应当始终体现“民办、民有、民管、民受益”的原则，尊重和保护农民民主办社的权利。合作社的决策权来自成员资格权，而非成员的股份权利，对合作社权力机构——成员大会的选举和表决，实行一人一票制，重大事项按照少数服从多数的原则进行表决，确保成员参与决策的民主权利，防止出现“大户控制”“能人控制”等。为了照顾贡献较大的成员的权益，《农民专业合作社法》规定了附加表决权，但附加表决权的总票数不得超过本社成员基本表决权总票数的20%；附加表决权也不适用于理事会和监事会的表决。

（5）盈余主要按照成员与合作社的交易量（额）比例返还。为了保护一般成员和出资较多成员两个方面的积极性，可分配盈余中按成员与本社的交易量（额）比例返还的总额不得低于可分配盈余的60%；其余部分以分红的方式按成员在合作社财产中相应的比例分配给成员。

在我国的实践中，新生的一些股份合作社不再坚持按交易量（额）比例返还盈余，而是成员根据投入的资金或者农机具、土地、牲畜、技术等折算成股权，按股权进行分配。这是因为很多农民不再从事农业生产，他们和合作社之间也就不会发生交易。按股分配盈余的方式在当前的土地股份合作社中较为普遍。

（二）合作社的几个主要类型

现实中，我国合作社常见的类型主要有专业合作社、社区型综合合作社、土地股份合作社和合作社联合社。

1. 专业合作社

农民专业合作社是以同类农产品的生产经营者或者同类农业生产经营服务的提供者、利用者，自愿联合、民主管理的互助性经济组织，像奶牛养殖专业合作社、小麦种植专业合作社、农机专业合作社等。专业合作社以其社员为主要服务对象，提供农业生产资料的购买，农产品的销售、加工、运输、贮藏以及与农业生产经营有关的技术、信息等服务。

专业合作社通常只是某个专业、某个环节的合作，因此，存在功能单一、服务有限的问题。随着我国农民专业合作社的发展，当前一些专业合作社虽然还是叫“××专业合作社”，但已不再局限于某一专业或某一环节的合作，例如：有些合作社叫“果蔬种植专业合作社”，社员种植各类蔬菜和水果，合作社负责蔬菜和水果的销售，有些合作社还建有加工厂，将部分果蔬加工成果蔬罐头、果蔬饮料等。

2007年以后，我国实施了《农民专业合作社法》，各类型合作社主要在当地工商行政管理部门登记注册为专业合作社，这也是为什么我们经常见到的都是××专业合作社的原因之一。从工商登记的数量来看，当前登记为“专业合作社”的合作社也是占了绝大多数的。如果你打算登记注册一个合作社，合作社的名称通常也是取“××专业合作社”为宜，这是因为工商登记较为方便。

2. 社区型综合合作社

我国大陆地区尚未确立“综合合作社”这个概念，实际上，它类似于韩国和日本的综合农协以及我国台湾省的农会。国内说的综合型合作社，大多是指社区型综合合作社，它是以社区农户为基本成员，以乡镇、村为覆盖地域，以社区内全体农户互助合作为基础，为农户成员提供购销、信用、加工、商业、农技推广、文化教育与福利事业综合服务的社区农民经济、社会组织。

社区型综合合作社是相对于专业合作社而言的，它很明显的特征就是社区的封闭性，例如这个社区就是一个自然村或行政村，农户只要是这个自然村或行政村的成员，他自动就是社区型综合合作社的成员，不是这个社区的农户是被排斥在外的，不能享受到社区型综合合作社提供的相关服务。另一个特征就是合作的环节和领域非常广泛，服务功能不仅包括经济功能，还承担着部分政治功能。例如，一些社区型综合合作社不仅有生产经营功能，还有农业技术推广、资金融通、农产品加工、购销等功能；不仅有经济功能，还有为农民提供文化教育、体育健身、福利劳保等社会事业的功能。

3. 土地股份合作社

土地股份合作社是农户以“农村土地承包经营权”入股合作社，把土地承包经营权变成股权，农民成为股东。入社土地由合作社统一耕种，农户除劳动收益外，还可享受年终分红。

土地股份合作社是土地流转的重要组织之一，它的经营做法一般是：农户以土地承包经营权入股合作社而成为社员，例如按 1 亩地折合成 1 股，社员甲将自家的 10 亩承包地入股土地股份合作社，他就持有 10 股，每年按股获得土地收益。土地股份合作社对社员入股的土地进行统一管理，有的是将土地统一连片整理后，对外招租收取租金（土地流转费），有的则是由土地股份合作社自己用于发展规模种植业。

从各地的实践来看，土地股份合作社和社员的利益联结关系有 3 种：

一是固定租金关系。社员将承包地入股合作社后，合作社每年向社员支付固定租金，如 1 亩地每年支付 600 元，合作社自负盈亏，盈亏跟社员没有关系，也就是说，经营风险全部由合作社承担。

二是“保底收益 + 二次分红”。例如合作社向社员承诺每亩地的保底租金是 600 元，这 600 元是不管合作社是否盈利都必须向社员支付的，然后合作社根据当年的经营情况决定是否对社员进行年终分红和分红多少，有的合作社经营成效好，年终拿出一部分利润对社员按股分红，例如分红数额是每股（亩）200 元，那么当年社员 1 亩地的收益就是 600 元 +200 元 =800 元。

三是按股分红。合作社对社员不承诺保底收益，而是根据当年的经营状况进行分红，例如某合作社入股的土地共有 100 亩，折合为 100 股，2014 年盈利 10 万元，全部按股分红，那么每股分红 1 000 元。到了 2015 年，合作社的盈利进一步增加到 15 万元，还是实行全部按股分红，那就是每股分红 1 500 元。这种利益联结方式下，合作社和社员是共同承担经营风险。

4. 合作社联合社

合作社联合社，顾名思义，就是指两个或两个以上合作社联合组成的一个经济组织，是比合作社更高一层次的合作关系。合作社联合社的成员一般都是合作社。在各地的案例中，合作社联合社的成员可以是合作社、专业大户、农业公司，但通常都会要求合作社占多数。

四、合作社与其他经济组织的区别

如果打算兴办合作社，为了避免把合作社办成“四不像”，增强合作社的凝聚力和发展能力，则需要搞清楚合作社和村集体经济组织、专业技术协会、农产品行业协会、有限责任公司、合伙制企业等经济组织的区别。

（一）与村集体经济组织的区别

1. 产生背景不同

合作社是以农民为主体的市场经济参与者根据市场经济发展的需要自愿联合组建而成，是为了互助和共同的经济目的，以经济取向为基准，不受政府等外力干预和制约。

村集体经济组织是人民公社实行政社分设和推行家庭承包责任制以后所形成的社区性经济组织，一般以村落为单位组成，受乡镇政府管辖，以政治取向为基准。

2. 生产资料产权归属不同

合作社的生产资料是在保留和承认社员个人所有权的基础上实行联合所有和共同使用，当社员申请退社时，他加入合作社的生产资料是可以带出合作社归个人继续使用的。

村集体经济组织的生产资料是集体占有，每个成员名义上有所有权，但具体份额并不清楚，是以集体成员的身份自动享有这种权利，当成员的户籍离开这个村集体时就视为自动放弃对生产资料的所有权，嫁入或新出生落户村集体的人员也自动获得这种所有权。

3. 经营方式不同

合作社是按合作社章程约定的经营项目、经营范围、管理方式进行运营的，以社员（代表）大会为权力机构。

村集体经济组织实行以土地家庭承包为基础的统分结合的经营方式，以村民委员会为权力机构。

4. 主要职能不同

合作社以为全体成员服务为宗旨，在生产经营过程中为成员提供技术、资金、信息等服务，主要是发挥经济职能。

村集体经济组织主要是在社区范围内为成员提供道路、水利、卫生、村容村貌等公共服务，带有浓厚的政府服务色彩，主要是发挥管理职能。

5. 分配方式不同

合作社按章程约定的方式分配盈余，一般是按股份、投资额、惠顾额（交易量或交易额）进行分配。

村集体经济组织以固定分配、按劳分配为主，主体是为全体成员提供公共的、平等的福利，例如有的村子年底每人分红 1 000 元就属于平等的公共福利。

6. 成员来源不同

合作社的成员一般是同类或相关产品的生产经营者，只要遵守合作社章程的规定，愿意承担社员义务，都可以自愿入社，不受地域限制，可以是跨村、跨乡镇、跨县甚至跨省，具有成员开放性。

村集体经济组织的成员一般都以户籍为依据，必须是户籍在本村的人才能成为成员，具有成员封闭性。

（二）与专业技术协会和行业协会的区别

目前与农业相关的协会主要有专业技术协会和农产品行业协会。

1. 组织性质不同

合作社是经营性经济组织，对外仍以盈利为目的，要讲效益和追求盈利。

专业技术协会和行业协会都是社团组织，不能开展营利性的经营活动，不以营利为目的。

2. 登记部门不同

合作社要在工商部门登记。

专业技术协会和农产品行业协会要在民政部门登记。

3. 服务功能不同

合作社是为成员提供生产经营各环节的技术、生产资料购买、农产品销售、加工、储运、信息等服务。

技术专业协会主要是为会员提供技术交流、技术服务等服务活动；农产品行业协会主要为会员提供行业信息，发挥行业整合、行业服务、行业自律、行业维权等功能。

4. 资金来源不同

合作社的资金来自社员入社时缴纳的出资和从合作社经营利润中提取的公积金和公益金，也有来自社会捐赠和国家财政扶持的资金，合作社的社员一般不用每年缴纳费用。

协会的资金主要来源于成员每年缴纳的会费、服务收入、社会捐赠、国家财政直接补贴等。

（三）与有限责任公司的区别

《中华人民共和国公司法》所称的有限责任公司是指在中国境内设立的，股东以其认缴的出资额为限对公司承担责任。

1. 合作基础不同

合作社是以生产同类或相近产品的农民为主体成立的组织，体现以人为本，是以“人合”为合作基础。

有限责任公司是资本的联合，体现以资为本，遵循资本控制原则。

2. 经营目的不同

合作社的经营目的是为全体社员提供服务，最大限度满足社员的需求，帮助社员实现生产经营利润最大化，以对内服务、对外盈利为主。

有限责任公司以谋求公司利润最大化为宗旨，以实现股东资本增值为目的，追求高投资回报率，是为股东利益服务。

3. 管理方式不同

合作社实行社员“一人一票”的民主控制，按人头计算，不论社员拥有多少股份都会拥有一票权利，同时限制个人入股最高金额不能超过总股金的20%，投票权也不能超过20%。

有限责任公司的管理控制权和决策权按出资比例行使，出资越多，表决权分量越重。

4. 分配方式不同

合作社按章程约定的方式分配盈余，一般是按股份、投资额、惠顾额（交易量或交易额）进行分配。

有限责任公司实行按股分红的分配制度，出资越多，分红占比越多。

5. 注册条件不同

合作社和有限责任公司都没有明确的最低注册资本数额，但在人数上有明显差异。合作社要求5人以上，且80%应该是农民；而有限责任公司是2人以上、50人以下，对成员的身份并无限制。

（四）与合伙制企业的区别

合伙制企业是指由2人或2人以上按照协议投资，共同经营、共负盈亏的企业。合伙制企业财产由全体合伙人共有，共同经营，合伙人对企业债务承担连带无限清偿责任。

1. 法律地位不同

两者都在工商部门登记，但合作社属于法人，而合伙制企业不属于法人。

2. 成员构成不同

合作社的成员除了具有管理公共事务职能的单位，公民、企业、事业单位或社会团体都可以成为其成员，但农民至少应当占成员总数的80%。

普通合伙制企业只要求2个以上的自然人组成，有限合伙制企业由2～50个合伙人组成，并至少应当有1个普通合伙人，国有独资公司、国有企业、上市公司和公益性事业单位、社会团体不能成为普通合伙人。

3. 成员责任不同

合作社成员以其账户内记载的出资额和公积金份额为限，对合作社承担责任，即使资不抵债，合作社的债务清偿也不涉及成员的个人财产，即成员承担有限责任。

合伙制企业的各合伙人对合伙企业债务承担无限的连带责任，当资不抵债时，合伙人要以个人财产承担清偿责任。

4. 成员退出影响不同

合作社新加入成员或成员退出不会影响合作社的存续。

合伙制企业新加入合伙人或原有的合伙人退出或死亡，原有的合伙企业都必须解散，要重新建立新的合伙关系。

5. 分配方式不同

合作社按章程约定的方式分配盈余，一般是按股份、投资额、惠顾额（交易量或交易额）进行分配。

合伙制企业的利润分配是按照合伙协议的约定办理，如果合伙协议未约定或者约定不明确的，由合伙人协商决定；协商不成的，由合伙人按照出资比例分配、分担；无法确定出资比例的，由合伙人平均分配。

延伸阅读

历年国际合作社日的主题

1922 年，国际合作社联盟决定将每年 7 月的第一个星期六确定为“合作者的节日”（International Day of Cooperatives）。1992 年联合国大会通过决议，宣布 1995 年 7 月的第一个星期六为联合国国际合作社日，以纪念国际合作社联盟建立 100 周年，并决定考虑将来每年都将此日定为联合国国际合作社日。

1995 年国际合作社日主题　百年国际合作社联盟和国际合作未来百年

1996 年国际合作社日主题　合作社企业：促进以人为本的可持续发展

1997 年国际合作社日主题　合作社对世界食品安全的贡献

1998 年国际合作社日主题　合作社与经济全球化

1999 年国际合作社日主题　公共政策与合作社立法

2000 年国际合作社日主题　合作社与促进就业

2001 年国际合作社日主题　第三个千禧年中的合作社优势

2002 年国际合作社日主题　合作社与社会：关注社区

2003 年国际合作社日主题　合作社实现发展！合作社对联合国千年发展目标做出的贡献

2004 年国际合作社日主题　合作社合乎公平的全球化：为所有人创造机会

2005 年国际合作社日主题　微观金融是我们的事业！合作走出贫困！

2006 年国际合作社日主题　通过合作社建立和平

2007 年国际合作社日主题　合作社价值与原则合乎企业社会责任要求

2008 年国际合作社日主题　依托合作社企业 应对气候变化

2009 年国际合作社日主题　通过合作社企业推动全球复苏

2010 年国际合作社日主题　合作企业赋予妇女权力

2011 年国际合作社日主题　青年，合作社的未来

2012 年国际合作社日主题　企业合作，建设一个更美好的世界

2013 年国际合作社日主题　企业合作，金融危机中保持蓬勃发展

2014 年国际合作社日主题　合作社实现全面可持续发展

2015 年国际合作社日主题　平等

单元二
怎样组建农民合作社

内容提示

如果你正在酝酿组建一个合作社，那么你需要先了解组建合作社需要具备哪些条件，这样能够少走一些弯路。组建一个合作社究竟需要具备哪些条件？组建步骤和程序又有哪些？如何办理合作社的注册登记？本单元将会为你一一解答。阅读完本单元的内容，对你来说，从筹备到登记注册合作社将不再是一件难事。

一、组建合作社应具备哪些条件

一般来说，在不同地区组建不同类型合作社须具备的条件有所不同。根据我国《农民专业合作社法》规定，设立农民专业合作社，应当具备下列条件：

（一）要有一定数量符合规定的成员

《农民专业合作社法》第十四条、第十五条规定了成员的条件，其中第十四条规定：具有民事行为能力的公民，以及从事与农民专业合作社业务直接有关的生产经营活动的企业、事业单位或者社会团体，能够利用农民专业合作社提供的服务，承认并遵守农民专业合作社章程，履行章程规定的入社手续的，可以成为农民专业合作社的成员。但是，具有管理公共事务职能的单位不得加入农民专业合作社。

同时，合作社的成员构成要符合法律规定。《农民专业合作社法》第十五条规定：农民专业合作社的成员中，农民至少应当占成员总数的80%。成员总数在20人以下的，可以有1个企业、事业单位或者社会团体成员；成员总数超过 20 人的，企业、事业单位和社会团体成员不得超过成员总数的 5%。

合作社应当置备成员名册，并报登记机关。

（二）要有符合法律规定的章程

合作社的章程没有统一的示范文本，一般由合作社成员协商约定，各地相关政府部门为了规范本地农民合作社的发展，通常也会提供适用于本地的合作社章程范本。

（三）要有符合法律规定的组织机构

一般来说，合作社组织机构的基础构成包括成员（代表）大会、理事会、监事会，有些合作社还包括经营机构和业务机构，例如规模较大的合作社设立了专门的产品销售部门、农资购买部门、技术指导部门等。按照《农民专业合作社法》规定，合作社必须设立成员（代表）大会和理事长，其余机构是否设立则由合作社根据自己的实际情况自主决定（后有对组织机构的详细论述）。

从实际需要来看，合作社进一步发展壮大和申报各级示范社，一般都要求有比较完善的组织机构。

（四）要有符合法律、行政法规规定的名称和章程确定的住所

合作社作为法人，是权利义务关系的主体，要有自己的名称。经过登记机关登记后的名称就是合作社的法定名称，它是区别于其他合作社和经济组织的标志。名称中不得含有“协会”“促进会”“联合会”等具体社会团体法人性质的字样，一般要明确标明“专业合作社”字样，以便区别于各类企业的名称（后文在组建步骤中会对“名称”有详细说明）。

合作社的住所是指经登记机关依法登记的合作社的主要办事机构所在地，也是法律文书的送达地。法定住所不要求是合作社专属的，例如有些合作社有自己专门的办公场所，但有些合作社的住所登记为村委会办公大楼的某一个办公室或理事长的家庭住址，这些都是符合法律规定的。另外，合作社可能有多个办事机构或者经营场所，但法定住所只能登记 1 个，即登记主要办事机构的所在地。住所一经登记，未经登记机关核准，不得擅自变更。

（五）要有符合章程规定的成员出资

合作社成立之初，成员出资是其财产的主要来源。《农民专业合作社登记管理条例》对合作社成员的出资种类、出资认定方式和成员出资总额做出了原

则性规定。

合作社成员可以用货币出资，也可以用实物、知识产权等能够用货币估价并可以依法转让的非货币财产作价出资。成员以非货币财产出资的，由全体成员评估作价。例如，有些合作社允许社员将承包地、农机具、房屋等折价入股。成员不得以劳务、信用、自然人姓名、商誉、特许经营权或者设定担保的财产等作价出资。成员出资不需要经过专门的验资程序，成本很低，简便易行。

申请组建合作社时须向登记机关提交《成员出资清单》(该出资清单共2页：出资清单、填写须知）。范本如下：

XX 农民专业合作社成员出资清单范本

项目 序号	出资成员 姓名或名称	出资方式	出资额（元）	出资成员 签名或盖章
1	张 三			
2	李 四			
3	王 五			
4	马 六			
5	钱 七			

成员出资总额：　　　　（元）

法定代表人签名：

× 年 × 月 × 日

填写农民合作社成员出资清单须知

（1）出资方式：农民专业合作社成员以货币作为出资的填写“货币”。以实物、知识产权等可以用货币并可以依法转让的非货币财产作为出资的，填写非货币财产的具体种类，如房屋、农业机械、注册商标等。

（2）出资额：成员以货币出资的数额，或者成员以非货币财产出资由全体成员评估作价的货币数额。

（3）出资成员：是自然人的由其签名，是单位的由其盖章。单位盖章可以加盖在出资清单的空白处。

（4）因出资成员多，出资清单写不下的，可另备页面载明。

（5）应当使用钢笔或签字笔工整地填写表格和签名。

二、组建合作社有哪些步骤和程序

合作社组建的流程见下图：

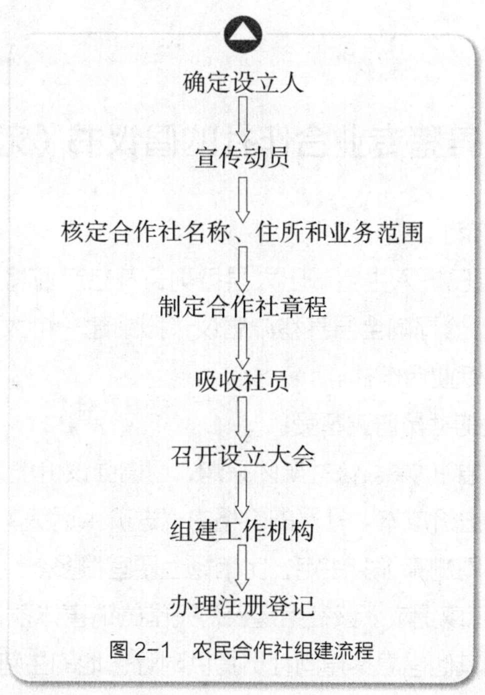

图 2-1　农民合作社组建流程

（一）确定设立人

合作社的设立人又称“发起人”“创始人”，可以是自然人，也可以是企业法人、社团法人，例如专业大户、龙头企业等都可以作为设立人。自然人作为设立人，至少要有 5 人组成筹备工作小组。

作为设立人，一般应具备以下条件：①坚持党的路线、方针、政策，政治素质好，组织能力强；②在本地本行业内有较大的影响力，一般为专业大户、农村经纪人、村“两委”干部等；③具有完全民事行为能力；④热爱合作社事业。

根据《农民专业合作社法》规定，设立农民专业合作社应当召开由全体设立人参加的设立大会。设立时自愿成为该社成员的人为设立人。设立大会行使下列职权：①通过本社章程，章程应当由全体设立人一致通过；②选举产生理事长、理事、执行监事或者监事会成员；③审议其他重大事项。

（二）宣传动员

设立人在农民合作社的组建过程中，为了吸纳社员、扩大合作社规模，通常通过起草发布倡议书，宣传合作社的宗旨、目的、经营和服务范围、社员的权利和义务、合作社享受的国家政策等，以便动员广大农民群众踊跃加入合作社。

××养猪专业合作社的倡议书（范本）

亲爱的养猪朋友们：

现在，××县已进入生猪调出大县行列，养猪产业将迎来千载难逢的发展机遇。我们××公司向全县养猪户倡议，拟组建一个大型互利互惠的真正能抱团发展的养猪专业合作社。

凡是进入该社的社员普遍享受：

（1）兽药和饲料优惠。该社集团采购，可增强议价能力，可以降低饲料、药品等养殖物品的进价成本。社员的价格由“进价+运费+专业合作社的运行成本（成员开会共同测算）”决定，比市场上便宜很多。

（2）销售优惠或提成。该社组建较为完备的销售体系，以降低养殖风险，将定期通过手机和其他信息渠道向社员提供附近各地的生猪销售信息，供社员选择。

（3）种猪优惠。凡在我公司采购种猪的社员可享受 10% 的优惠。

（4）技术和信息服务。该社将聘请养猪专家开通电话诊断为社员无偿提供养猪技术服务，也可安排技术服务队伍深入社员猪场等。

本公司作为发起人之一，在该社里面并不谋求主导地位，只作为一个平等的社员主体参加社里的活动，一切按照国家法律、法规和合作社章程来运行，完全服从政府监管，保障每个社员的合法权益，我们做出的对社员种猪优惠及技术服务等承诺，是我们为本县养殖业的发展尽的一点社会责任，不会以此来增加在该社的话语权。

该社计划引入社员 × 户，形成年 × 万头的养猪规模，注册资金 × 万元，× × 公司出资 × 万元，其余 × 万元可配股融资，诚邀有志之士入股严格按照专业合作社的章程规范管理。

× 年 × 月 × 日至 × 月 × 日为筹建时间，请各位有意者致电我公司联系咨询商洽。

公司联系人：　　　　　　　　　　联系电话：

倡议人：× × 公司

× 年 × 月 × 日

社员是合作社构建和发展的基础。设立人在组建筹备工作小组之后，要宣传发动农民或其他经济组织等自愿申请加入合作社，一般需要做好如下工作：

一是认真调查了解本地农民生产生活中遇到的问题和困难，了解农民的需要。

二是深入分析研究合作社拟定的生产经营项目的市场前景、经济效益，以及能给农民带来哪些实惠。

三是认真准备有关背景资料，包括发展合作社的意义、合作社的发展和管理合作社的办法以及各地发展合作社的成功经验等，方便解答农民的疑问和打消农民入社的疑虑。

四是精心组织在主要经营项目和服务范围的示范地召开动员会。

（三）核定合作社名称、住所和业务范围

1. 确定合作社的名称

合作社的名称就如同公司的名称和人的名字，是区别于其他合作社的标志。跟公司一样，合作社名称必须是唯一的，不能跟已经注册的合作社重名。

合作社的名称依次由行政区划、字号、行业、组织形式组成，统一表明为“合作社”，必要时可以突出品牌名。名称中的行政区划是指合作社住所所在地的县级以上（包括市辖区）行政区划名称。

名称中的字号应当由 2 个以上的汉字组成，可以使用合作社成员的姓名作字号，但不得使用县级以上行政区划名称作字号。

名称中的行业用语应当反映合作社的业务范围或者经营特点。

名称中不得含有“协会”“促进会”“联合会”等具有社会团体性质的字样。

合作社的名称越专业，它的特色越明显，将来注册商标品牌、实施品牌策略也越容易形成“一社一品”。

例如，养猪合作社要比养殖合作社好，番茄合作社要比蔬菜合作社好，水稻合作社要比粮食合作社要好。有的合作社在名称中也会突出品牌，例如××金仓湖水稻专业合作社。

名称确定后，合作社须向当地工商行政管理部门提交名称预先核准申请书，取得合作社名称预先核准通知书。

2. 确定合作社的住所

合作社的住所可以选择在设立人、专业大户的家里，也可以与龙头企业、村两委的办公室一起办公。有条件的合作社应修建自己的经营用房和办公场所。住所由合作社的全体社员通过章程自己决定，只能登记一个住所，而且登记的住所应当在登记机关管辖的区域内。如果变更合作社的住所，必须办理变更登记。

3. 确定合作社的业务范围

为了宣传和介绍合作社，合作社的业务范围一般是在设立人发布倡议书的时候就会提到，而最终确定都是在制定章程的时候才定下来的。

合作社章程中明确记载了合作社的业务范围，这也是工商登记时确定农民合作社经营范围的依据。章程中记载的业务范围和工商部门颁发的《农民专业合作社法人营业执照》中规定的主要业务内容是一致的。

例如，有些合作社的业务范围是组织采购、供应社员所需的生产资料；组织收购、销售社员生产的产品；开展社员所需的运输、贮藏、加工、包装等服务；引进新技术、新品种，开展技术培训、技术交流和咨询服务等。

（四）制定合作社章程

合作社章程是在我国法律法规和政策规定的框架内，由全体社员根据合作社自身的特点和发展目标制定并经全体社员同意的共同遵守的行为准则。

章程应当采用书面形式，全体设立人在章程上签名、盖章。将来合作社要修订章程，需要由本社社员表决权总数的2/3以上通过方可执行。

合作社章程的内容应包括：

- 名称和住所；
- 业务范围；
- 成员资格及入社、退社和除名；
- 成员的权利和义务；
- 组织机构及其产生办法、职权、任期、议事规则；
- 成员的出资方式、出资额；
- 财务管理和盈余分配、亏损处理；
- 章程修改程序；
- 解散事由和清算办法；
- 公告事项及发布方式；
- 需要规定的其他事项。

我们见到的各类合作社的章程都大同小异，主要是业务范围、社员权利和义务、成员出资方式和出资额、盈余分配方式上存在差别。这是因为章程是合作社注册登记时必需的材料之一，很多政府部门都有章程的范本，甚至会帮助合作社在范本的基础上进行符合本合作社实际需要的改动。而这些改动基本上就是上面提到的各个章程出现差别的几处地方。

（五）吸收社员

合作社吸收的社员要符合法律规定，农民必须占总数的80%以上，企业、事业单位或社会团体等法人成员不得超过成员总数的5%，生产合作社中从事生产的社员要占总数的50%以上。对社员的情况要造册登记，合作社正式成立后要向社员发放社员证。

在我国的合作社实践中，农民申请加入合作社一般要提交书面申请，经理事会或理事长同意，有些合作社在章程中写明新增社员必须要经过社员大会讨论同意才能加入。具体的操作方式是由各合作社根据自身需要在全体社员中协商约定的。

合作社的社员在入社时必须要出资或认缴股金吗？

在实践中，很多合作社的社员申请加入合作社时并没有出资或认缴股金，而这类社员通常被称为非核心社员，他们一般不参与合作社的经营盈利分红。也有少部分合作社专门制订了一套非常细致的盈利分配方案，对没有出资的社员按交易量（额）进行盈利返还。出资社员可以享受合作社的经营盈利分红。

农民成员应当提交农业人口户口簿复印件，因地方户籍制度改革等原因不能提交农业人口户口簿复印件的，可以提交居民身份证复印件，以及土地承包经营权证复印件或者村民委员会出具的身份证明。

非农民成员应当提交居民身份证复印件。

企业、事业单位或者社会团体成员应当提交其登记机关颁发的企业营业执照或者登记证书复印件。企业、事业单位或者社会团体的分支机构不得作为合作社的成员。

（六）召开设立大会

合作社的设立大会由全体设立人参加。召开设立大会的目的是为了决定设立合作社的有关事项，以便使合作社能够及时登记，依法成立。设立大会通常也是合作社的第一次社员大会。

需要注意的是，设立大会必须由全体设立人参加才能举行。设立人是自然人，无法亲自参加的，可以委托他人出席，但需要向设立大会提交书面委托书；设立人是法人等组织的，出席人应当向设立大会提交其受权出席的书面证明。

设立大会的主要议程有：

- 听取筹备组报告本社筹备工作情况；
- 选举社员代表、理事会和监事会成员，并选举产生理事会理事长、监事长；
- 讨论修改和通过本会章程；
- 讨论修改和通过本会内部各项管理制度；
- 讨论其他有关事项。

合作社召开设立大会后，要形成规范的“设立大会纪要”，这是进行合作社注册登记的必备原始材料。

（七）组建工作机构

合作社召开设立大会后，由理事长主持召开常务理事工作会议，研究成立合作社的办事机构和业务部门。规模大、业务量多的合作社可以由理事长或理事会按照社员大会的决定聘任总经理。

规模小、业务量少的合作社可以不聘任总经理，由理事长兼任。聘任总经理的，由总经理负责聘任各业务部门的部门负责人，再由部门负责人招聘经营业务骨干。

工作机构组建完毕后，由理事长或总经理主持、各业务部门负责人参与，讨论研究合作社的具体工作计划，布置开展业务工作。

(八)办理注册登记

设立人持登记申请书、全体发起人大会会议纪要、合作社章程、法定代表人和理事的任职文件及身份证明、经全体出资成员签名盖章予以确认的出资清单、合作社成员花名册、能够证明合作社对其住所享有使用权的住所使用证明等到工商行政管理部门注册登记，合作社的业务范围有属于法律、行政法规或者国务院规定在登记前须经批准的许可项目，还应当提交批准文件。取得法人营业执照后，即可挂牌运行。

三、如何办理合作社的注册登记

合作社的注册登记共涉及工商、公安、税务、质监、银行、农业等多个部门，其办理注册登记的流程见下图（有些地区正在实施营业执照、组织机构代码证、税务登记证“三证合一”的登记制度改革，注册登记流程请参考当地相关部门的具体规定）。

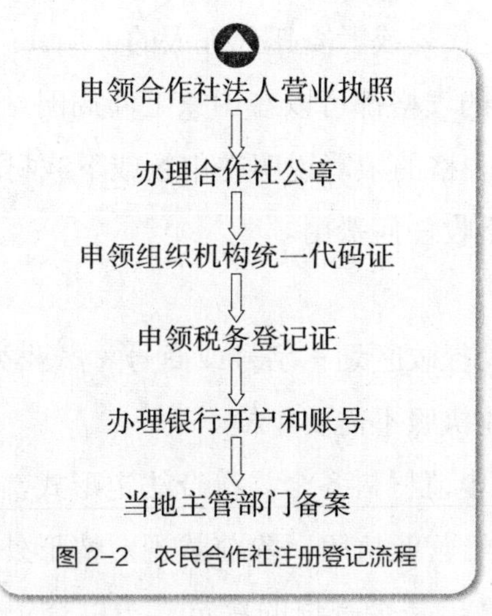

图 2-2　农民合作社注册登记流程

(一)申领合作社法人营业执照

合作社的筹建工作准备就绪后，根据《农民专业合作社登记管理条例》(2014年修订）规定，合作社应向所在地的县（市）、区工商行政管理部门登记，领取农民专业合作社法人营业执照（以下简称营业执照），取得法人资格。未经依法登记，不得以合作社名义从事经营活动。规模较大或者跨地区合作社的登记管辖由国务院工商行政管理部门做特别规定。

申请设立合作社应当由全体设立人指定的代表或者委托的代理人携带规定的材料到当地工商管理局办理。

（1）办理部门：工商行政管理局。

（2）依据：《农民专业合作社登记管理条例》(2014 年修订）。

（3）提交材料：

1）设立登记申请书；

2）全体设立人签名、盖章的设立大会纪要；

3）全体设立人签名、盖章的章程；

4）法定代表人、理事的任职文件和身份证明；

5）载明成员的姓名或者名称、出资方式、出资额以及成员出资总额，并经全体出资成员签名、盖章予以确认的出资清单；

6）载明成员的姓名或者名称、公民身份号码或者登记证书号码和住所的成员名册，以及成员身份证明；

7）能够证明合作社对其住所享有使用权的住所使用证明；

8）全体设立人指定代表或者委托代理人的证明。

上面所需提交材料的表格都可以在国家工商局网站或当地工商局注册登记部门申领或下载。各种表格的填写说明在申领或下载材料中都有明确说明。

（4）收费内容：不收任何费用。

（5）注意事项：

1）合作社名称为：行政区划 + 字号或商号 + 产业类别 + 专业合作社；

2）合作社法人营业执照不需要年检。

申请人提交的登记申请材料齐全、符合法定形式，登记机关能够当场登记的，应予当场登记，发给营业执照。除前款规定情形外，登记机关应当自受理申请之日起 20 日内，做出是否登记的决定。予以登记的，发给营业执照；不予登记的，应当给予书面答复，并说明理由。营业执照签发日期为合作社成立日期。

（二）办理合作社公章

（1）办理部门：公安部门。

（2）依据：《中华人民共和国印章管理办法》。

（3）提交材料：合作社法人营业执照复印件、法人代表身份证复印件、经办人身份证复印件。

（4）收费内容：刻章费，根据材料不同（收费）。

（5）注意事项：目前合作社需要的公章有行政章、财务专用章、法人代表章共 3 枚。

（三）申领组织机构统一代码证

（1）办理部门：质量技术监督局。

（2）依据：《×× 省组织机构代码管理办法》。

（3）提交材料：

1）合作社法人营业执照副本原件及复印件一份（正面盖合作社公章）；

2）合作社法人代表及经办人身份证原件及复印件一份；

3）如受他人委托代办的，须持有委托单位出具的代办委托书面证明。

（4）收费内容：根据地方规定。

（5）注意事项：

1）合作社自工商局批准成立或核准登记成立之日起 30 日内办理组织代码证。

2）代码证有效期限为 4 年，到期须换证；代码证实行年检制度；需年审费（根据当地政策）。

（四）申领税务登记证

（1）办理部门：国家、地方税务局。

（2）依据：《税务登记管理办法》。

（3）提交材料：

1）法人营业执照副本及复印件；

2）组织机构统一代码证书副本及复印件；

3）法定代表人（负责人）居民身份证或者其他证明身份的合法证件复印件；

4）经营场所房屋产权证书复印件；

5）成立章程或协议书复印件。

（4）收费内容：2009 年中央 1 号文件明确，将合作社纳入税务登记系统，免收税务登记工本费。

（5）注意事项：

1）合作社应当自领取工商营业执照之日起 30 日内申报办理税务登记，未按照规定期限申报办理者，可处 2 000 元以下的罚款；

2）税务登记证定期验证、换证和年检，1 年验证 1 次，3 年更换 1 次。

（五）办理银行开户和账号

（1）办理部门：任意一家商业银行、农村信用社。

（2）依据：《银行账户管理办法》。

（3）提交材料：

1）法人营业执照正、副本及其复印件；

2）组织机构代码证书正、副本及其复印件；

3）合作社法定代表人的身份证及其复印件；

4）经办人员身份证明原件、相关授权文件；

5）税务登记证正、副本及其复印件；

6）合作社公章和财务专用章及其法人代表名章。

（4）收费内容：不收费。

（5）注意事项：在银行办理完账号、账户后，需要提交账户到国家税务局；每月到国税局报税。

（六）当地主管部门备案

（1）办理部门：当地农经主管部门。

（2）提交材料：

1）法人营业执照复印件；

2）组织机构代码证书复印件；

3）合作社法定代表人的身份证复印件；

4）税务登记证正、副本复印件。

单元三
农民合作社的组织架构

内容提示

合作社的组织机构建设是怎么样的？合作社的权力机构、执行机构和监督机构是怎么产生的？它们有哪些职权？哪些机构是必须设立的？本单元将一一为你讲述。

组织机构建设是合作社内部各个部门相互联系的框架，也是合作社正常运作的重要保障。合作社的良好运作需要一个健全和规范的组织机构，完善的组织机构应兼具治理功能和经营功能，包括社员（代表）大会、理事会、监事会、职能部门等。合作社的组织机构如图 3-1 所示。

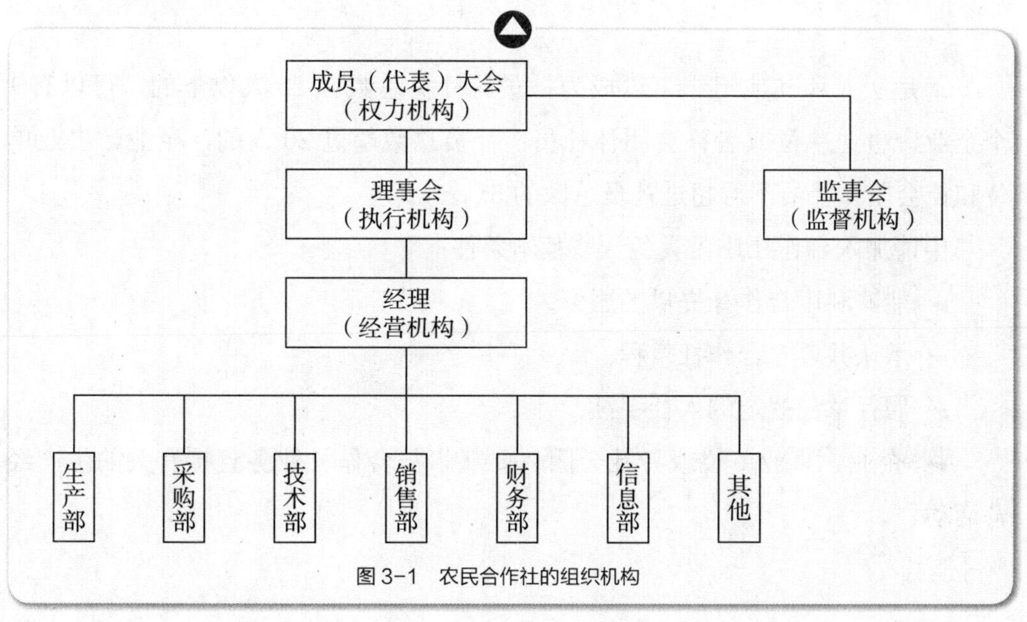

图 3-1　农民合作社的组织机构

一、社员和社员（代表）大会

（一）社员

1. 社员的类型

哪些人或组织可以成为合作社的社员？

一是自然人可以成为社员。自然人需要满足两个条件，即是中国公民和具有民事行为能力。但是农民至少应当占社员总数的 80%。

两个合作社案例

辽宁省抚顺市红顺中药材种植专业合作社的自然人社员包括核心社员和非核心社员，其中核心社员主要是出资入股合作社的社员（农民），这类社员年终按股份参与合作社的盈余分配；非核心社员是按合作社要求种植中药材并将产品交给合作社销售的农民，这类社员没有出资或认缴股金，获得的好处除了合作社给予他们稍高于市场价的收购价格外，还能按交易额参与年终盈余返还。

河北清苑县农林高优专业合作社根据社员的入社意愿，将社员分为服务社员、生产社员、尝试社员、购销社员 4 种类型。

二是法人和其他组织可以成为社员。社员总数在 20 人以下的，可以有 1 个企业、事业单位或者社会团体社员；社员总数超过 20 人的，企业、事业单位和社会团体社员不得超过社员总数的 5%。

申请加入合作社还需具备一些基本条件：

➢ 能够利用合作社提供的服务；

➢ 承认并遵守合作社章程；

➢ 履行章程规定的入社手续；

➢ 企业、事业单位或者社会团体要从事与合作社业务直接有关的生产经营活动。

具有管理公共事务职能的单位不得加入合作社，例如政府机关和事业单位，比较典型的就是县里的农业技术推广服务站。

2. 社员的权利

加入合作社后，社员享有哪些权利？

（1）参加成员大会，并享有表决权、选举权和被选举权。参加成员大会是合作社社员的一项基本权利，每个社员都有权利参加社员大会，任何人或组织不得限制或剥夺社员参加成员大会的权利。

作为社员，有权通过参加社员大会行使表决权，参加对合作社重大事项的决议。同时，社员还能行使选举权，选举出合作社的理事长、理事、执行监事或监事会成员。

所有社员都有被选举的权利，有资格被选举为合作社的理事长、理事、执行监事或监事会成员。在设有社员代表大会的合作社中，社员还享有成为社员代表的选举权和被选举权。

（2）利用本社提供的服务和生产经营设施。合作社的宗旨是为全体社员提供服务，只要成了合作社的社员，社员都有权利使用本社提供的服务和生产经营设施。

（3）按照章程规定或者成员大会决议分享盈余。合作社的经营利润依赖于社员提供的产品和社员对合作社的服务和设施的使用，也就是说，合作社的利润是由社员共同创造出来的，本质上属于全体社员。因此，社员根据合作社章程规定的盈余分配方式或者经社员大会决议的分配方式参与分享盈余。

（4）享有对合作社事务的知情权和查询权。合作社社员有权查阅本社的章程、成员名册、成员大会或者成员代表大会记录、理事会会议决议、监事会会议决议、财务会计报告和会计账簿。

（5）章程规定的其他权利。在不跟《农民专业合作社法》相抵触的情况下，合作社章程还可以规定社员享有其他的权利。

3. 社员的义务

社员在合作社中享有权利，相应地，他们也需要承担必要的义务。

章程上明确规定了全体社员需要共同承担的义务，以便保证合作社能顺利实现社员的利益。

- 执行成员大会、成员代表大会和理事会的决议；
- 按照章程规定向本社出资；
- 按照章程规定与本社进行交易；
- 按照章程规定承担亏损；
- 章程规定的其他义务。

4. 社员资格的终止

合作社对社员实行“入社自愿，退社自由”的原则，社员可以根据自身的实际需要提出退社申请或者被迫退社，终止社员资格。

社员资格终止的情况主要分以下几种：

（1）社员主动要求退社。合作社成员要求退社的，应当在财务年度终了的 3 个月前向理事长或者理事会提出；其中，企业、事业单位或者社会团体成员退社，应当在财务年度终了的 6 个月前提出；章程另有规定的，从其规定。

退社成员的成员资格自财务年度终了时终止，在本会计年度决算后 1 个月内办理退社财务决算。

如果合作社有盈余，合作社应按照章程规定退还记载在该退社社员账户内的出资额和公积金份额，并返还相应的盈余所得。

如果合作社经营亏损，应扣除退社社员应分摊的亏损金额。

在其资格终止前与合作社已订立的合同，应当继续履行；章程另有规定或者与本社另有约定的除外。

（2）社员被除名。合作社的社员出现如下情况时，可经理事会讨论通过对社员予以除名。

- 不履行成员义务，经教育无效的；
- 给本社名誉或者利益带来严重损害的；
- 成员共同决议的其他情形。

合作社对被除名的社员进行财务清算，按照章程规定退还记载在该退社社员账户内的出资额和公积金份额，并返还相应的盈余所得。

如果合作社经营亏损，应扣除退社社员应分摊的亏损金额。

对因给合作社造成名誉或利益带来严重损害而被除名的社员，合作社可以要求社员做出相应的赔偿。

(3)社员丧失民事行为能力或死亡。如果社员丧失民事行为能力或者死亡，社员的法定继承人符合法律和合作社章程规定条件的，在1个月内向合作社提出入社申请，填写入社申请书，经理室会讨论通过后办理入社手续，承继被继承人在合作社的债权债务。否则，按照退社办理。

合作社应及时收回死亡、要求退社、除名社员的社员证，按规定注销他们的社员资格。资格终止的社员应当按照章程规定分摊资格终止前本社的亏损及债务。

（二）社员大会和社员代表大会

1. 什么是社员大会

简言之，合作社的社员大会由全体社员组成。

社员大会是合作社的权力机构，负责对合作社的重大事项做出决议，集体行使权力。

社员大会以会议的形式行使权力，而不采取常设机构或者日常办公的方式。

社员参加社员大会是法律赋予所有社员的权利，也是合作社“社员地位平等，实行民主管理”原则的体现，所有社员都可以通过社员大会参与合作社事务的决策和管理。

2. 社员大会何时召开

社员大会通过召开会议的方式行使自己权力。

《农民专业合作社法》规定，社员大会至少每年召开1次。

每个合作社可以根据自身情况，适当增加召开会议的次数，并写入章程。这种按照章程规定定期召开的社员大会，称之为定期会议。

定期会议是社员大会行使权力的最主要方式。

（1）定期会议。合作社的章程规定了合作社一年召开几次社员大会、什么时候召开等。社员大会每年至少召开 1 次。

（2）临时会议。在实际的生产经营过程中，合作社可能遇到一些重大事项需要社员大会讨论决议，而这时候距离定期的社员大会召开时间还有很长的时间，这就需要合作社召开临时社员大会。

出现下列三种情形之一的，应当在 20 日内召开临时社员大会：

➢ 30% 以上的成员提议；

➢ 执行监事或者监事会提议；

➢ 章程规定的其他情形。

3. 社员大会如何召开

社员大会一般由理事会负责召集。

合作社召开社员大会，出席人数应当达到社员总数的 2/3 以上。

社员大会选举或者做出决议，应当由社员表决权总数过半数通过；做出修改章程或者合并、分立、解散的决议应当由社员表决权总数的 2/3 以上通过。

社员大会上一般实行“一人一票”的投票方法。

社员大会要设专人进行会议记录，记录会议的举行情况，包括会议时间、地点、召集人、主持人、出席会议的社员数量、会议的主要内容等。明确写明社员对会议讨论事项的投票结果，包括同意、弃权、反对票数和表决结果。

社员大会的会议记录经主持人和理事会成员签名确认后，存档保存，以备后查。

社员因故不能参加社员大会的，可以书面委托其他社员代理出席社员大会，让其代理行使表决权，但 1 名社员最多只能代理 1 ～ 2 名社员行使表决权。书面授权委托书上应载明委托人的姓名、所参加的社员大会的名称、参加表决的事项，并明确表示委托人对表决事项是同意还是不同意。委托人在委托书上要签名、盖章。代理人在出席社员大会时须向合作社理事会提交书面授权委托书。当代理人超出委托人授权范围行使表决权时，社员大会可以拒绝其投票或者视为废票处理。

4. 社员大会行使哪些职权

（1）修改章程。合作社章程的修改，需要由本社社员表决权总数的 2/3 以上社员通过。

(2)选举和罢免理事长、理事、执行监事或者监事会社员。理事会(理事长)、监事会（执行监事）分别是合作社的执行机关和监督机关，其任免权应当由社员大会行使。

（3）决定重大财产处置、对外投资、对外担保和生产经营中的其他重大事项。上述重大事项是否可行、是否符合合作社和大多数社员的利益，应由社员大会来做出决定。

（4）批准年度业务报告、盈余分配方案、亏损处理方案。年度业务报告是对合作社年度生产经营情况进行的总结，对年度业务报告的审批结果体现了对理事会（理事长）、监事会（执行监事）一年工作的评价。盈余分配和亏损处理方案关系到所有社员获得的收益和承担的责任，社员大会有权对其进行审批。经过审批，社员大会认为方案符合要求的则可予以批准，反之则不予批准。不予批准的，可以责成理事长或者理事会重新拟定有关方案。

（5）对合并、分立、解散、清算做出决议。合作社的合并、分立、解散关系合作社的存续状态，与每个社员的切身利益相关。因此，这些决议至少应当由社员表决权总数的 2/3 以上通过。

（6）决定聘用经营管理人员和专业技术人员的数量、资格和任期。合作社是由全体社员共同管理的组织，社员大会有权决定合作社聘用管理人员和技术人员的相关事项。

（7）听取理事长或者理事会关于社员变动情况的报告。社员变动情况关系到合作社的规模、资产和社员获得收益和分担亏损等诸多因素，社员大会有必要及时了解社员增加或者减少的变动情况。

（8）章程规定的其他职权。除上述七项职权，章程对社员大会的职权还可以结合本社的实际情况做其他规定。

5.社员大会和社员代表大会的关系

随着合作社的发展壮大，社员人数也在增加，并且社员可能是来自不同的村庄，甚至是跨县、跨市都是经常发生的。在这种情况下，合作社召开社员大会就会面临部分社员参加不了会议，也会遇到成百上千个社员同时参加会议出现的各种困难。为了保证合作社社员能够依法行使民主管理权力，降低召开社员大会的成本，提高议事效率，合作社可以设立社员代表大会。

《农民专业合作社法》第二十五条规定，农民专业合作社成员超过 150 人的，可以按照章程规定设立成员代表大会。成员代表大会按照章程规定可以行使成员大会的部分或者全部职权。

社员代表的产生办法、任期、代表比例，社员代表大会的职权、会议召集等事项，应当由合作社章程规定。某个合作社社员总数达到150人以上时，是否设立社员代表大会，法律没有做出强制性规定，而是应根据自身发展的实际情况决定，并由章程加以明确。

社员大会并不是设立大会

社员大会是每年至少召开1次的，由全体社员或社员代表参加；而设立大会只有1次，由全体设立人参加。

社员大会在合作社存续期间都会召开；而设立大会只在合作社成立之前召开。

社员大会是合作社成立之后的权力机构；设立大会是合作社尚未成立时设立人的议事机构。

二、理事会和理事长

（一）理事会

1. 合作社必须要设立理事会吗

《农民专业合作社法》第二十六条规定，农民专业合作社设理事长1名，可以设理事会。理事长为本社的法定代表人。

法律规定合作社都要设理事长，但理事会可以设立，也可以不设立。

合作社规模较小，成员人数很少时，是没有必要设立理事会的，由1个成员信任的人作为理事长来负责合作社的经营管理工作就可以了，这样有利于精简机构、提高效率。

合作社是否设立理事会及理事的人数，《农民专业合作社法》并未做强制性规定，而由合作社章程规定。理事长、理事会由成员大会从本社成员中选举产生，对成员大会负责，其产生办法、职权、任期、议事规则由章程规定。

设立理事会的，理事会作为合作社的执行机构，代表合作社开展工作，有权签署经济及有关合同契约，对合作社的社员（代表）大会负责。

一般情况下，理事会成员为3人以上的奇数，设理事长1人，副理事长1～3人，由成员民主选举产生。

理事长和理事的任期一般为3年，可连选连任，具体的任职期限一般在章程中做了规定。

至于理事长和理事在任期间是否从合作社领取工资，这也是根据合作社自身的实际情况而决定的。例如有的合作社比较重视理事长对合作社做出的贡献，也有经济实力支付工资，理事长每月工资为2 000元，理事为1 500元。

2. 理事会有哪些工作职责

《农民专业合作社法》并没有规定理事会的工作职责，各合作社可根据社员大会讨论决定理事会的职责。一般来说，理事会的职责会在合作社章程中明确列示。

合作社理事会的工作职责主要包括：

- ➢ 组织召开成员（代表）大会并报告工作，执行成员（代表）大会决议；
- ➢ 制订本组织发展规划、年度业务经营计划、内部管理规章制度等，并提交成员（代表）大会审议；
- ➢ 制订本组织年度财务预决算、盈余分配和亏损弥补等方案，提交成员（代表）大会审议；
- ➢ 决定成员加入、退出、继承、除名、奖励、处分等事项；
- ➢ 组织培训和各种协作活动；
- ➢ 决定聘任或者解聘本组织经营管理负责人和财务会计负责人；
- ➢ 管理本组织的资产和财务，保障本组织的财产安全；
- ➢ 接受、答复、处理监事会提出的有关质询和建议；
- ➢ 履行成员（代表）大会授予的其他职责。

3. 理事会是怎样议事的

理事会的表决实行一人一票制。重大事项集体讨论，经2/3以上理事同意方可形成决定。理事会讨论的事项要形成会议记录，出席会议的理事应当在会议记录上签名。

理事个人对某项决议有不同意见的，其意见应记入会议记录并签名。如该决议对合作社造成重大损失的，表决时有异议并记载于会议记录的理事可免除其责任。

理事会会议应邀请执行监事（或监事会成员）、经理和一定数量的成员代表列席，列席者无表决权。

理事会接到监事会质询或建议的书面通知后，必须在规定的时间内做出答复。

（二）理事长

1. 谁能担任理事长

理事长是合作社的法人代表，也是全体社员的“领头雁”，他的综合能力直接关系到合作社的生死存亡。

根据我国《农民专业合作社法》的规定，每一个合作社设理事长 1 名，可以设理事会，理事长是合作社的法定代表人，由成员（代表）大会从本社成员中选举产生。也就是说，理事长首先必须是合作社的成员，非合作社成员是不能担任合作社的理事长的。然后，理事长是由成员民主选举产生的，是大部分成员民心所向的共同代表，选举理事长属于合作社的“内政”，政府或任何组织和个人都无权干预。

理事长必须是农民身份吗？

任何合作社成员都有权参与竞选理事长。《农民专业合作社法》规定：合作社成员中的农民应当占成员总数的 80% 以上。除了农民成员外，企业、社团和其他个人都可以成为合作社的成员。那么，企业法人代表、社团法人代表都是可以当选为合作社的理事长的。

例如，城里一家企业派出业务员到农村租地搞农业，业务员联合当地的几个农民组建了一个合作社，即使业务员不是农民，他也可以当选为理事长。这个例子说明，理事长是选出来的，跟他的身份无关。

如果你已经是合作社理事长，或者你准备竞选合作社理事长，你肯定需要先了解理事长的职责，心里盘算自己具备的职业素质能否带领合作社搞得红红火火。理事长是合作社的“领头雁”，通常来说是成员中的“精英”“能人”，而且有文化、懂技术、会经营、善管理、能创业，还需要有为农民群众做奉献的精神。

2. 理事长有哪些职权

作为主管一个合作社的理事长，应该主管和负责以下重大事项：

➢ 主持本社的日常工作，负责召开理事会议；

➢ 根据社员大会和理事会的决定，组织实施年度生产经营计划和生产、经营、服务活动；

➢ 组织拟定本社内部业务机构和各项制度；

➢ 代表本社对外签订合同、协议和契约；

➢ 提请聘请或者解聘本社财务人员和其他管理人员；

➢ 组织落实本社的各项任务；

➢ 履行社员章程和理事会授予的其他职责。

3. 理事长应具备哪些素质和能力

合作社的理事长是整个合作社的领头人，由社员民主选举产生，又是全体社员心目中最有威信的人，他在带领广大社员开展合作事业中，应具备“四大素质”：

（1）良好的思想素质。理事长在合作中，无论对待工作还是对待社员，首先必须要有责任感与事业心，要讲究对合作社整个事业负责，对入社的全体成员负责，要有“舍小家、顾大家”的全局合作思想。

（2）专业的业务素质。理事长应精通合作社主营产品的生产经营业务和相关的科技知识，不能当外行。

（3）广博的知识结构。理事长既要时刻观察与注意国家的经济形势，还要掌握各地的市场拓展和价格形势；既要学会现代的科学管理知识，又要随时掌握各种信息知识。

（4）顽强的精神意志。合作社从发展到壮大必然会遭遇各种困难，理事长必须要有意志上的顽强性和忍耐性，才能带领合作社走向辉煌。

仅有这四大素质还不够，要想把合作社逐步做大、做强、做长远，理事长还必须要具备组织协调能力、统一思想行动的能力、开展服务活动的能力、民主决策的能力、市场开拓能力、创新能力等。

三、监事会

（一）合作社必须设立监事会吗

监事会或执行监事是合作社的监督机关，对合作社的财务和业务执行情况进行监督。执行监事是指仅由 1 人组成的监督机关，监事会是指由多人组成的团体担任的监督机关。

执行监事或监事会成员由社员民主选举产生，对社员大会负责。

监事会会议的表决实行一人一票制。

设立执行监事或监事会，是为加强合作社的内部监督，防止合作社的有关负责人滥用职权。

依照《农民专业合作社法》第二十六条的规定，农民专业合作社可以设执行监事或者监事会。合作社的监督是由全体社员进行的监督，强调的是社员的直接监督。由此，《农民专业合作社法》规定执行监事或者监事会不是合作社的必设机构。如果社员大会认为需要提高监督效率，可以根据实际情况选择设执行监事或者监事会。

是否设执行监事或监事会由合作社在章程中规定。监事的人数、任期也由合作社章程规定。一般来讲，合作社设执行监事的，不再设监事会。

（二）监事会的职权

合作社执行监事或监事会的职权由合作社章程具体规定。一般来说，执行监事或监事会的职权主要包括：

- 监督理事长或者理事会对社员大会或社员代表大会决议和本社章程的执行情况；
- 监督检查本社的生产经营和财务收支及盈余分配情况，负责对本社的财务进行内部审计并向社员大会或社员代表大会报告审计结果；
- 监督检查理事会和其他工作人员的工作情况；
- 向社员大会或社员代表大会提交监事会工作报告和各项决议执行情况的审查报告；
- 列席理事会会议，向理事会提出改进工作的建议；
- 建议召开临时理事会、社员大会或社员代表大会；
- 代表本社负责记录历史与本社发生业务交易时的业务交易量（额）情况；

➢ 履行社员大会或社员代表大会授予的其他职权。

四、经理人

合作社必须单独聘任经理吗？

实际上，合作社是根据自身的需要决定是否聘任经理的。

根据《农民专业合作社法》规定，理事长或者理事会可以按照成员大会的决定聘任经理和财务会计人员，理事长或者理事可以兼任经理。经理按照章程规定或者理事会的决定，可以聘任其他人员。

经理按照章程规定和理事长或者理事会授权，负责具体生产经营活动。

经理是由理事长或者理事会聘任的、负责组织日常经营管理活动的合作社常设业务执行机关。

经理受聘于合作社，属于合作社雇员。

经理对内可以为合作社管理特定事务，对外可以以合作社的名义与第三人进行法律行为，结果归合作社承担。

一般来说，经理的职权包括：

➢ 主持本社的生产经营工作，组织实施理事会决议；

➢ 拟定经营管理制度；

➢ 组织实施年度生产经营计划和投资方案；

➢ 提请聘任或者解聘财务会计人员和其他经营管理人员；

➢ 理事会授予的其他职权。

合作社的理事长、理事、经理不得兼任业务性质相同的其他合作社的理事长、理事、监事、经理。

理事长、理事、经理和财务会计人员不得兼任监事。

执行与合作社业务有关公务的人员，不得担任合作社的理事长、理事、监事、经理或者财务会计人员。

下面介绍两个合作社的组织建设案例。

四川省彭州市三界镇丰碑蔬菜产销专业合作社的组织结构

为带动全村蔬菜产业发展，促进农民增收，2007年8月6日，由四川省彭州市三界蔬菜联友协会牵头，按照平等、自愿、互惠互利原则，成立了彭州市三界镇丰碑蔬菜产销专业合作社。

2007年8月6日，丰碑合作社按照合作社法，正式完成工商登记注册、成立，成立之初仅有入社成员6户、入社资金12万元、蔬菜年销售量80吨，到2012年，又依照相关规定，进行变更登记注册，成员数增加到205户，其中土地入股农户92户，现金入股农户113户，入社资金达到179万元，蔬菜年销售量10 000吨以上。到2014年6月，该合作社新吸纳了60余户村民和优秀农村职业经理人作为成员，共计新增股金240余万元，成员主要以丰碑村村民为主，并吸纳了台湾、江苏等省内外的优秀种植、营销、试验示范专业技术人才、职业经理人等。

从产权结构看，当前丰碑合作社有两种入股方式，一是2010年起实施的土地入股方式，二是自建社以来就有的资金入股方式。2013年，该社土地入股农户92户，入社总面积235亩；现金入股农户113户，入社资金179万元。其中，土地入股方式是：按照市场价评估农户的土地流转费用，合作社支付50%的流转费给农户，农户以50%的土地流转费入股，农户仍然分户管理，合作社做到五统一。据合作社理事长介绍，目前该合作社的土地折股大约占全社股份的40%。

丰碑合作社依法设立了社员大会、理事会、监事会等组织机构，内部设置了财务、生产技术、种苗、营销等部门，聘请了专业的财务人员、生产技术人员、职业经理人员担任部门经理，同时还聘请了中国社会科学院农村经济研究方面的一名退休教授为合作社专职顾问，形成了“理事长＋理监事会＋职业经理人＋专家顾问”四位一体、团结协作的管理团队。合作社通过民主集中制的会议制度讨论解决重大事务，依照章程建立了规范的内部管理制度、财务管理制度，并通过管理团队严格落到实处。丰碑合作社的组织结构框架见下图。

在涉及国家政策性的肥料补贴分配、重大投资项目等事关社员切身利益和合作社长远发展的重大决策方面，合作社明确入社农民无论出资多少都享有一票权利，按照“先民主、后集中、再决策”原则，先由理事会初步商议，然后提交成员大会讨论，最终按照“一人一票”进行投票表决。比如，2011 年初，合作社在筹划建设蔬菜加工厂之前，理事会商议后提出建设存储量 1 000 吨的冷库，但在成员大会讨论时，大多数成员认为风险大且自有资金不足，应该量力而行、分步发展，最后否决了理事会的提议，决定第一期只建设存储量 400 ~ 600 吨的冷藏库。在决策机制上，2009 年以前，该社实行股东投票机制，由于股东人数较多，意见较难集中，投票的成本比较大。从 2009 年以后，合作社规定，除了重大投资、分红等重要事项外，合作社的日常实务由理事会及其下设的经营服务团队去处理，入社成员在申请入社时就明确规定，一般股东不参与合作社的管理，但合作社的理事会和经营服务团队向股东承诺分红数额。

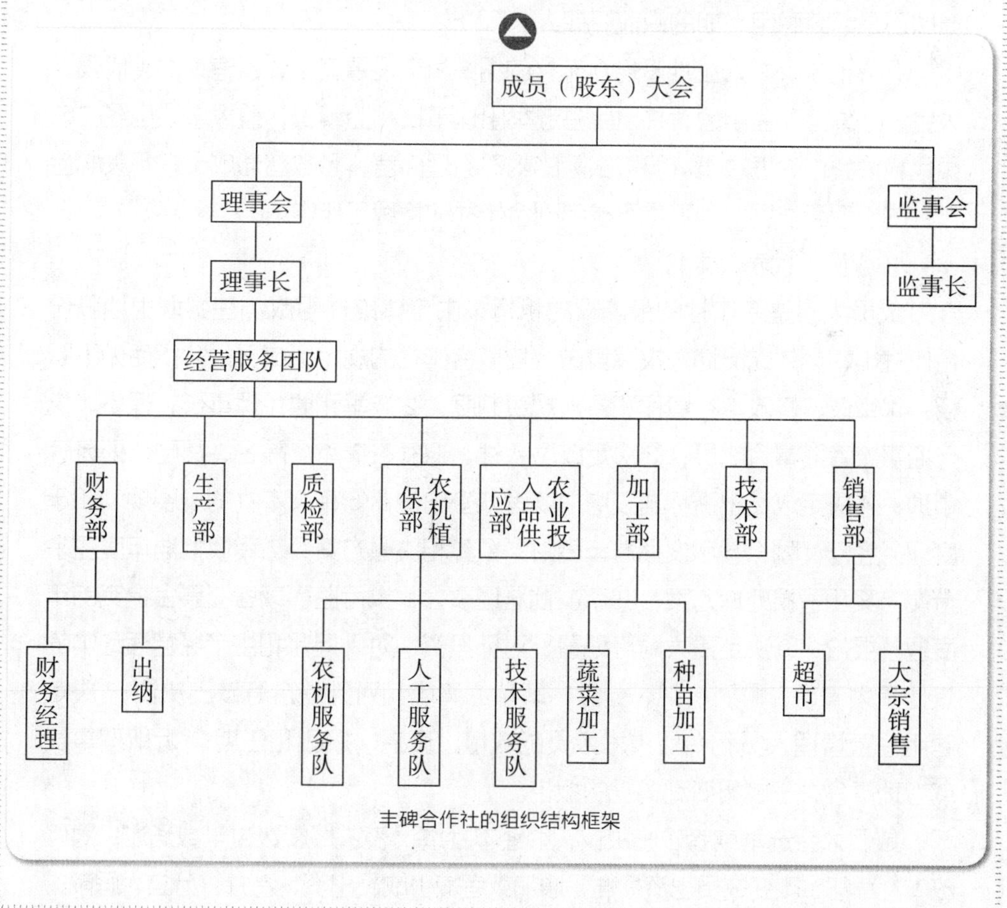

丰碑合作社的组织结构框架

四川省崇州市隆兴镇黎坝土地股份合作社的组织结构

黎坝土地股份合作社于 2012 年 3 月 18 日召开设立大会，当时并未进行工商登记，仅在崇州市的农村发展局登记，直至同年 10 月才进行工商登记。召开设立大会当日，该合作社确立了合作社章程，选举产生理事会和监事会，理事长和监事长。该合作社是在崇州市政府的引导下，黎坝村的村主任联合几个村干部和种粮大户联合组建了土地股份合作社。

2012 年 12 月 20 日，该合作社首次公开招聘农业职业经理人，聘用期限为 1 年，并确定职业经理人和合作社之间的利益联结方式。此后，该合作社在当年生产周期结束后，根据职业经理人的经营绩效商议，是重新搞职业经理人竞聘还是继续聘用当期的职业经理人。

名义上说，黎坝土地股份合作社的组织机构设置齐全，设有成员（代表）大会、理事会和监事会，并且民主选举出理事长和监事长，重大事项也经由成员代表大会讨论后决策。但就实际的内部治理而言，多数普通成员并不关心合作社的治理和发展，也基本不参与到合作社的管理工作中。

1. 成员（代表）大会

成员大会是合作社的最高权力机构，由全体成员组成。在黎坝土地股份合作社中，全体成员均为农民身份。按该合作社的规定，成员大会行使如下职权：①审议、修改本社章程和各项规章制度；②选举和罢免理事长、理事、执行监事或者监事会成员；③决定成员入社、退社、继承、除名、奖励、处分等事项；④决定成员出资标准及增加或者减少出资；⑤审议本社的发展规划和年度业务经营计划；⑥审议批准年度财务预算和决算方案；⑦审议批准年度盈余分配方案和亏损处理方案；⑧审议批准理事会、执行监事或者监事会提交的年度业务报告；⑨决定重大财产处置、对外投资、对外担保和生产经营活动中的其他重大事项；⑩对合并、分立、解散、清算和对外联合等做出决议；决定聘用经营管理人员和专业技术人员的数量、资格、报酬和任期；听取理事长或者理事会关于成员变动情况的报告。

成员大会选举或者做出决议，须经本社成员表决权总数过半数通过；对修改本社章程，改变成员出资标准，增加或者减少成员出资，合并、分立、解散、清算和对外联合等重大事项做出决议的，须经成员表决权总数 2/3 以上的票数通过。成员代表大会的代表以其受成员书面委托的意见及表决权数，在成员代表大会上行使表决权。有 30% 以上成员提议、执行监事提议、理事会提议时，须在 20 日内召开临时成员大会。理事长不能履行或者在规定期限内没有正当理由不履行职责召集临时成员大会的，执行监事在 10 日内召集并主持临时成员大会。

2. 理事会和监事会

理事会行使下列职权：①组织召开成员大会并报告工作，执行成员大会决议；②制订本社发展规划、年度业务经营计划、内部管理规章制度等，提交成员大会审议；③制订年度财务预决算、盈余分配和亏损弥补等方案，提交成员大会审议；④组织开展成员培训和各种协作活动；⑤管理本社的资产和财务，保障本社的财产安全；⑥接受、答复、处理执行监事或者监事会提出的有关质询和建议；⑦决定成员入社、退社、继承、除名、奖励、处分等事项；⑧决定聘任或者解聘本社经理、财务会计人员和其他专业技术人员；⑨履行成员大会授予的其他职权。理事会会议的表决，实行一人一票。重大事项集体讨论，并经 2/3 以上理事同意方可形成决定。理事个人对某项决议有不同意见时，其意见记入会议记录并签名。理事会会议邀请执行监事或者监事长、经理和 7 名成员代表列席，列席者无表决权。同时，合作社还规定，卸任理事须待卸任 3 年后方能当选监事。

当选的理事长是合作社的法定代表人，任期3年，可连选连任，其职权包括：①主持成员大会，召集并主持理事会会议；②签署本社成员出资证明；③签署聘任或者解聘本社经理、财务会计人员和其他专业技术人员聘书；④组织实施成员大会和理事会决议，检查决议实施情况；⑤代表本社签订合同等；⑥履行成员大会授予的其他职权。

黎坝土地股份合作社的监事会由 5 名监事组成，设监事长 1 人，监事长和监事会成员任期 3 年，可连选连任，监事长列席理事会会议。监事会行使下列职权：①监督理事会对成员大会决议和本社章程的执行情况；②监督检查本社的生产经营业务情况，负责本社财务审核监察工作；③监督理事长或者理事会成员和经理履行职责情况；④向成员大会提出年度监察报告；⑤向理事长或者理事会提出工作质询和改进工作的建议；⑥提议召开临时成员大会；⑦代表本社负责记录理事与本社发生业务交易时的业务交易量（额）情况；⑧履行成员大会授予的其他职责。

监事会会议由监事长召集，会议决议以书面形式通知理事会。理事会在接到通知后 15 日内就有关质询做出答复。监事会会议的表决实行一人一票。监事会会议须有 2/3 以上的监事出席方能召开。重大事项的决议须经 2/3 以上监事同意方能生效。监事个人对某项决议有不同意见时，其意见记入会议记录并签名。

3. 职业经理人

农业职业经理人的经营绩效直接关系到合作社成员的分红收益，但农业职业经理人受聘之后，其向合作社提供的年度生产计划和成本预算直接由理事会和监事会审核并决策，合作社不再组织成员代表大会进行表决。

总的来说，合作社的成员代表大会主要是选出职业经理人、理事会和监事会并对入股土地的分红方案进行审议，而理事会和监事会则负责合作社的日常管理工作，主要是审议职业经理人提交的生产计划和成本预算的合理性，监督职业经理人严格按所提交的生产计划开展农业生产经营活动。职业经理人虽受聘于合作社，但实际上扮演着土地承包经营者的角色，除了按规定向合作社提交生产计划和成本预算，具体的农业生产经营活动由职业经理人自主安排，但会受到合作社理事会和监事会的监督。

单元四
农民合作社的服务与经营

内容提示

如果你已做好兴办合作社的心理准备，或许你还不太了解合作社应该怎样为社员提供服务，应该提供哪些服务？随着农产品质量安全的重要性越来越受到消费者的关注，绿色农产品、有机农产品的售价都是平常农产品售价的好几倍，市场很诱人，但你知道合作社怎样开展农业标准化生产和申请农产品质量认证吗？阅读本单元，相信你能从中找到满意的答案。

兴办合作社就是要为农民社员提供服务的，通过农民抱团的方式提高农民的组织化程度，共同抵御市场风险。

目前，我们常见到的是种养殖专业合作社、土地股份合作社和农机服务合作社，后两类在名称上也是登记为“专业合作社”。这三大类常见合作社提供的服务内容和它们的经营方式既有相同之处，但也有一些差别。

种养殖专业合作社和部分土地股份合作社为农民社员提供了产前、产中和产后服务，主要包括生产资料购买、农业技术服务、资金互助服务、市场信息服务、农产品加工流通和产品品牌营销等。农机服务合作社主要是为社员和其他周边农户提供农机服务。

为了便于全面了解合作社的服务和经营，本单元着重介绍种养殖专业合作社的服务内容。土地股份合作社和农机服务合作社的服务内容随着合作社产业链条的延长和经营范围拓展，这两类合作社已从最初的流转土地服务和农机服务拓展为全程参与农业产前、产中、产后各环节的服务，服务内容和经营方式逐渐接近种养殖专业合作社，所以不再特意介绍这两类合作社。

一、生产资料服务

（一）为什么要统一购买生产资料

一般来说，大部分生产类型合作社都有为社员提供生产资料统一购买的服务，那么合作社为社员提供统一购买生产资料的服务，究竟对谁有利？

社员从合作社统一购买生产资料的服务中获得哪些好处？

首先，社员不用亲自跑去挑选、鉴别、运输生产资料，省下了人工成本和时间成本。

其次，合作社通过对生产资料进行研究和性能测试，很大程度上保障了社员能够使用到质量过关的生产资料，免去社员因使用劣质资料而招致的损失。

再次，合作社跟生产资料商家建立稳定的购销渠道，可以用优惠价或出厂价提供给社员，社员节省了购买支出。

最后，社员使用统一的生产资料并按统一规程使用，可有效控制农药（兽药）残留、化肥过量施用等危害，提升了农产品质量。

合作社又为什么会提供统一购买生产资料的服务？

第一，收获经济利益。合作社可以用略高于取货价的优惠价格（仍低于社员独自购买时的市场价格）向社员供应生产资料，这样既可以赚取到一定的差价收益，又能让利于社员。即使合作社以取货价（即零差价）将生产资料供应给社员，合作社还有可能因购货量大而获得销售商家给予的回扣。

第二，收获社员凝聚力。合作社通过这一服务让社员获益，增强了社员对合作社的信心，同时也对外部非社员产生了吸引力。

需要注意的是，并不是所有的合作社都为社员提供统一购买生产资料的服务，也并不是所有加入合作社的社员都需要合作社帮助购买生产资料。

当合作社提供统一购买生产资料的服务时，社员可以自由选择是通过合作社购买还是自己购买。

（二）购买哪些生产资料

合作社为社员统一购买的生产资料并不局限于农业直接生产环节所需的资料。实际上，只要多数社员需要某类商品，形成一定购买规模，合作社都有为社员统一购买的服务意向。

一般来说，合作社统一购买的生产资料包括种植业方面的农药、化肥、种子、地膜、种苗、草帘等；养殖业方面包括饲料、添加剂、种畜（种苗）、动物医疗器械药品等。有些合作社还会统一购买建造大棚所需要的原材料，例如大棚塑料膜、钢材、水泥、日光温室材料、滴水管等。随着现代农业的发展，不少合作社也提供了统一购买小型农业机械、农业设备的服务。

在必要的情况下，合作社也会自己直接生产某些生产资料满足社员的需要。比较典型的有：合作社生产有机肥料供应给社员；合作社在自己的种植基地上生产良种统一供应社员。

（三）怎样为社员提供生产资料购买服务

合作社统一购买生产资料须在有关法律、法规许可的范围内开展。通常来说，合作社为社员提供统一购买生产资料服务的方式有以下几种：

1. 合作社充当联系人，社员按需去厂家或销售商处取货

合作社根据社员的需求，跟生产资料供货商洽谈并达成协议，本社社员可以用低于市场价的价格直接向供货商购买生产资料。这种方式下，合作社充当了中介角色，负责衔接供货商和社员，但合作社不再以合作社的名义去购买生产资料，避免了合作社为社员垫付生产资料购买款项。社员根据合作社和供货商的协议，根据生产需要随时到供货商处以优惠价购买生产资料。

例如，为了识别出某个农户是达成协议价的合作社社员，一些供货商会预先印制和发放优惠卡给该社的社员，社员凭卡以优惠价购买生产资料。有的供货商要求社员以优惠价购买生产资料时，只需要出示社员证就可以了。

2. 合作社先购买生产资料，社员按需从合作社购买

规模较大的合作社专门设立了生产资料批发部或服务中心，直接从生产资料厂家或供货商进货，再以优惠价供应给本社社员。这种方式下，合作社一般会先垫付生产资料的购货款，需要合作社有充足的现金流。

3. 社员先预订，合作社汇总社员预订数量再进货

合作社社员将购买意向通过预先订货的方式上报给合作社，合作社汇总社员的购买品种、购买数量，与有关厂家联系集中购买。这种方式下，合作社和社员的款项结算方式可能是有多种选择的，可以是先让社员预付一定比例的货款；可以是合作社向社员赊销，然后从社员的农产品销售款中扣除。价格上实

行优惠制度，可以在合作社的进货价基础上加少量的运费和工作人员补助费供应给社员。

典型
案例

江西省泰和县丰颖稻谷专业合作社为社员统一购买生产资料

江西省泰和县是一个水稻种植大县。2008 年 9 月，泰和县丰颖稻谷专业合作社在工商部门登记注册，当时共有 24 个水稻种植户成为社员。合作社成立后，帮助成员统一购买化肥和农药。合作社与农资企业洽谈，提前支付部分货款购买淡季储存肥料，价格比用肥期市场价低 15% 左右，为成员节省了一笔费用。

（来源：笔者调研）

典型
案例

陕西省宝鸡市千阳县北台村兴盛乳业专业合作社为奶牛养殖户统一饲料供应

陕西省宝鸡市千阳县北台村兴盛乳业专业合作社为成员提供统一的饲料供应服务。合作社先直接从饲料工厂以批发价购进，然后按成员需要送货上门，并在批发价的基础上加收一部分手续费，以填补运销管理费用，但零售给成员的饲料价格依然要比市场价优惠 5% 左右。成员购买饲料时，一般按每笔交易金额现场结算，但若农户现金周转不便，合作社也可予以赊销，并从奶款中直接扣除。目前，合作社基本从固定的饲料生产厂家直接进货，所购饲料为绿色无公害产品，由合作社统一提供的饲料约占成员农户饲料投入总量的一半以上。为了解决成员的饲料加工问题，合作社在村委会的扶持下，采取股份制的形式筹资购置加工设备，建立起了自己的饲料加工厂。

（来源：笔者调研）

二、农业技术服务

合作社为社员统一提供技术服务，不但可以解决社员生产技术缺乏、管理经验不足的问题，还可以让社员按统一的技术操作规程进行生产，进行标准化农业生产，提高农产品质量，同时也让合作社的经营不断走向规范化、标准化。

（一）技术的来源渠道

合作社根据技术掌握的难易程度、技术的获取渠道等，一般有如下几种来源渠道：

一是经验积累。合作社的理事长通常也是种养业方面的技术土专家，他们常年的种养经验足以解决常见的病害防治。

二是技术引进。合作社为了提高社员农产品质量、赢得市场，引进新的生产技术和管理技术，然后合作社跟社员分享。一般来说，实力较强的合作社才有动力和财力去引进技术。

三是技术开发。有些经济实力较强的合作社组织了自己的研究团队进行技术研发，主要是种养技术，也有一些合作社跟高校科研院所合作，科研院所的研究人员到合作社的基地进行蹲点研究，成果共享。

（二）技术服务的方式

合作社提供技术服务的方式可分为两类：一是指导类服务；二是统防统治服务。

指导类服务包括开展技术培训和技术咨询。

统防统治服务就是由合作社统一安排人力、物力对社员的生产进行统一病害防治。

一是培训和咨询。合作社开展技术培训和咨询多是根据农村的特点，采取易于被农民接受、成本少的方式：

（1）开办培训班。将社员集中到村委会或合作社的办公场所，传授种植技术、养殖技术等。培训时，合作社通常会邀请高校院所的技术专家或本地的“土专家”给社员讲课，很多时候也会发放技术指导手册和其他技术宣传资料。

（2）现场技术指导。合作社聘请的技术专家到社员的种养场所进行现场诊断和指导。

（3）组织参观。合作社组织社员到具有先进管理经验的园区、示范社、农业企业等进行参观学习，开阔视野。

（4）网络医院。合作社的技术人员可以通过网络视屏、电话沟通等方式为社员提供技术咨询服务，及时解决社员生产中出现的问题。例如，山东寿光市有很多蔬菜医院，这些医院主要是合作社设立的，社员将患病蔬菜的图像通过网络视频让专家进行诊断，专家及时为社员指出病害问题所在，为社员建议用药清单。

二是统防统治。合作社跟当地的农业技术部门联合，建立专门的统治机构，配备专业的技术人员，为成员提供统一的病虫害和疫病防治服务，并将统防统治作为一项经常性的基础工作。比较典型的就是福建、浙江等林业大省的护林联防队。林业专业合作社通常会建立自己的联防小组，由联防小组统一负责社员的山林的病虫害防治工作，社员根据自家山林面积向合作社交纳一定数额的防治费用。

陕西省宝鸡市千阳县北台村兴盛乳业专业合作社为社员提供技术服务

合作社积极组织开展针对成员的无偿技术培训和服务，不断提高成员科学饲养的意识和水平，为成员稳定增收奠定坚实基础。

一是聘请宝鸡市农业学校的王仁怀教授为合作社技术顾问。宝鸡市农业学校把合作社确定为教学实习基地，每年定期组织成员技术培训，内容包括饲料配方指导和奶牛常见病预防治疗等，并帮助合作社建立动态奶牛档案近 800 份。此外，王仁怀教授还根据育成牛、怀孕牛、产奶牛的不同阶段，为合作社成员设计了科学的饲料配方。2010 年，合作社共组织 8 次技术培训，平均培训人数达 45 人 / 次。

二是设立兽医室。聘请县繁育站技术人员长期驻社，为成员进行疫病防治的免费现场指导，使牛群始终保持良好的健康状况。

三是与省农广校结成定点扶贫对子，进行技术扶贫。几年来，陕西省农广校在北台村推行实施了“十万奶农培训”“百村千户技术扶贫”“科技书屋”“阳光工程”等项目计划，捐赠各类农业技术书籍 3 000 余册、光盘 100

多张、磁带200多盘，由合作社（协会）负责管理。通过技术扶贫项目的实施，成员养殖水平和奶畜种群质量都得到了大幅提升，村民的生产技术和文化素质也得到了明显改善。

除了农业科研院所，相关政府部门也是合作社获得技术信息的重要来源。自成立以来，宝鸡市县两级的农业局、科技局、兽医院等部门多次与合作社进行过技术合作。目前，合作社还承担着市农业局的技术推广项目“荷斯坦奶牛品种示范推广项目”，对地区奶牛品种的改良换代起到了十分重要的推动作用。

（来源：笔者调研）

三、资金互助服务

（一）合作社内部设立资金互助组

农民从事农业生产也经常会遇到缺钱的时候，为了解决社员临时缺钱的难题，一些合作社在社内成立了资金互助组，由社员投入资金形成互助资金，缺钱的社员向合作社申请贷款，从资金互助组获得贷款，贷款利息由社员和合作社约定。同时，社员将资金投入资金互助组能获得不低于银行同期利息的收益。

需要注意的是，目前的政策允许合作社开展资金互助，有的也叫信用合作，但要求必须严格限制在合作社内部，不能够对外吸储，也不能够对外放贷。它就是一种信用合作或者资金互助，如果突破这种界限，就可能变成乱集资。

资金互助组的资金是不是只能用于农业生产？能不能用于家庭消费？

这需要在成立资金互助组的合作社的章程中规定资金的用途，从现有的资金互助组的资金使用情况来看，有的资金互助组明确规定社员的贷款只能用于农业（种植或养殖）生产用途，而有的资金互助组则允许社员将贷款用于生活消费支出。

安徽省清溪恒强养猪专业合作社探索出资金互助新模式

恒强养猪专业合作社于 2008 年由孙秀峰等 8 名成员发起成立，现有成员 112 名，注册资金 469.5 万元。合作社年出栏育肥猪 2.5 万多头，年销售额 4 800 万元左右。合作社除成员外，下辖一个饲料公司、一个年出栏育肥猪 5 000 头以上的现代化养猪场、一个养猪服务中心和一个资金互助组，全方位为成员的养猪生产经营提供服务。

恒强养猪专业合作社的 100 多位社员“抱团取暖”，成立资金互助组，根据“诚实信用、调剂余缺、有偿互利”的原则，开展内部信用合作，把合作社各成员的闲散资金进行集中调配，供应给急需用钱的社员使用，让社员养猪农户尝到了甜头，探索出资金互助的新模式。

“合作社本身并不盈利，社员的钱放在资金互助组里可以得到利息收入。”合作社法人孙秀峰介绍说，“社员用钱需要事先申请，互助组领导小组根据该成员的信誉度、养殖规模及本社账面可用资金等情况，进行审批后放款，到期收回。”据了解，该合作社资金互助组现有 300 多万元周转资金，由于仅限于内部运作，社员间都是知根知底，自成立以来还没有出现过不良债务。

（来源：新农网，2015 年 3 月 12 日）

（二）合作社跟其他经济主体联合成立资金互助社

有的时候，合作社的社员并没有太多资金，在合作社内部设立资金互助组的条件并不成熟。为了解决社员的资金难题，合作社跟其他经济主体共同成立新的资金互助社，例如，合作社、公司、种养大户等共同组建一个资金互助社，当合作社的社员需要贷款时须经过合作社向资金互助社提出申请，以合作社的名义去申请贷款。因为，在这一类资金互助社里面，合作社才是成员，而合作社的社员（单个农户）并不是资金互助社的成员。

当然，合作社为社员向资金互助社申请贷款须经社员（代表）大会同意。同时，合作社为了自身的发展需要，也可以向资金互助社申请贷款用于合作社的基地建设等公共投资，由合作社全体社员共同承担债务，用合作社的公共资产和收入偿还债务。

四川省彭州市旭力农村资金互助合作社

彭州市旭力农村资金互助合作社成立于 2014 年 12 月，由彭州市聚慧蔬菜产销农民专业合作社作为发起社发起设立的，社员共计 234 名，注册资本 700 万元。

彭州市旭力农村资金互助合作社 234 名社员中，法人（彭州市聚慧蔬菜产销农民专业合作社、成都中田农业投资有限公司）社员 2 名，分别出资 72 万元和 10 万元，占股比例为 10.28% 和 1.42%，自然人社员 232 名，最低出资额为 100 元，最高出资额为 70 万元，自然人出资占 88.3%。社员可以退股，但必须提前申请，还要经过 70% 以上的社员同意。每年年终集中办理退股手续，并报主管部门备案。

资金合作社的业务范围为：向社员发放贷款；为社员从银行融资提供担保；从银行融入资金；经核准吸收社员存款；购买国债；经监管机构核准的其他业务。目前，彭州市旭力农村资金互助合作社已完成工商注册登记，于 12 月 7 日试营业，目前，已向社员发放 3 笔共计 80 万元贷款，其中农业生产领域投放 1 笔 10 万元，用于彭州市祥绿土地股份合作社扩大种植面积，另外 2 笔向从事蔬菜流通的社员发放，在解决了农村融资难、融资贵问题上做出了初步探索。

缴纳足够的入股资金是成为农村资金互助合作社社员的基本条件。合作社对于投入资金互助的资金提供保底收益，月收益率 0.6%，比银行部门上浮 10%~20%。同时，参与资金互助的社员每年还能从合作社获得相应的分红。合作社实行低息、微息制度，贷款主要用于帮助社员扩大产业规模，盈利在生产流通环节。合作社成员都可以向合作社借款，但必须满足一定的资格条件。这些条件主要包括：入股资金互助、提供抵押物、成员互保或联保等信用条件。

在具体审查方式上，合作社由 5 名理事成立了风险防控小组，专门负责信贷审查。风险防控小组会综合考虑借款人的人际关系、债务历史、产业规模以及借款用途等因素，最终确定贷款额度和时期。关于贷款额度，合作社采取双重标准控制，一是社员贷款不得超过入股金额的 10 倍；二是单个社员的贷款额度不得超过合作社总资本金的 15%。贷款期限一般不超过半年。根据蔬菜行业的特点，资金合作社主要起到错峰借款的作用，并不能满足社员整个生产链条的用款需求。贷款数额较大的还必须提供抵押或担保。抵押物一般为土地合同、房产或库存单。担保仅限于社员之间，用股权提供担保。

（来源：笔者调研）

（三）合作社联合成立资金互助会

有的合作社为了壮大资金实力，互通资金有无，也会联合组建资金互助会，通常的叫法是“×× 合作社联合社资金互助会”，会员以合作社为主体，主要是为合作社的发展提供资金支持。一般来说，这类资金互助会很容易看到政府的影子，即政府或政府相关部门机构在资金互助会成立时会投入一笔启动资金，用以撬动金融部门更多的贷款资金。

浙江省萧山区农民专业合作社联合会资金互助会

2015 年 7 月 31 日，浙江省萧山区农民专业合作社联合会资金互助会审议通过《萧山区农民专业合作社联合会资金互助会章程（草案）》，该资金互助会正式成立。该资金互助会由区供销联社牵头组建，首批入会会员共 60 名，入会资金 1 149 万元，其中区供销联社拿出 100 万元作为入会金，50 万元以上大户有 9 个。

资金互助会专门成立了理事会和监事会，管理资金的出借和监管；同时制定了《互助会章程》和详细的互助会内部管理制度、运行制度、操作流程等，明确各级审批权限、设定单笔互助最高限额，对受理、调查、审查、发放等环节做了明确规定。

资金互助会明确规定，资金互助限于入会的合作社社员之间，资金用途限于专业生产，实行资金总量控制、封闭运行的办法，互助资金有偿使用，并实施会员担保制，发放互助金额度和占用费率按申请会员不同，结合实际开展灵活多样的小额资金互助活动。

资金互助会是合作社社员内部的会员资金互助，小额放贷。贷款形式主要有三种：信用贷款、会员互保及抵押贷款。10 万元以下为信用贷款，可以无抵押借用；抵押以会员间担保为主，也可由有效权证进行抵押。相对而言，会员互保这种形式更方便快捷。

在成立大会上，资金互助会与钱塘水产养殖合作社签订了首份信用投放金协议，投放互助金 50 万元。

（来源：中国农民合作社研究网，2015 年 8 月 2 日）

什么是资金互助会

资金互助会是会员自愿出资，自我服务，民主管理，为会员开展农业生产经营活动提供小额资金互助服务的农村新型合作经济组织。它也是一个类金融机构，必须按照互助会《章程》和有关制度的规定，规范运行，严格监管，有效规避经营风险。

四、市场信息服务

合作社为社员提供的市场信息服务，主要包括生产资料的购买价格和购买渠道、农产品的市场价格和市场销路。

合作社提供市场信息服务的成本并不大，而且跟社员互通市场信息的方式也是多样化和成本低廉的。

一是为社员搭建互通信息的平台。即在合作社内，社员之间原本就是相互熟悉的，大部分都是乡里乡亲，平时见面机会也很多，社员身份让他们的沟通交流比平常更多一些，从而互通信息。有的时候，社员会定期集中到合作社的办公场所交流近期的农资、农产品市场行情信息，有时候社员之间只是简单地通过电话、短信、微信等方式分享各自获得的信息“情报”。特别是在微信群建立之后，社员间互换信息更加便利化。

二是及时有效传递信息。合作社有专门的农产品销售部门和农资供应部门，这些部门了解的市场信息的渠道比社员要全面得多，例如从农资供应商、农产品批发市场、超市、经纪人、网络、政府机构等多种渠道获得信息，然后将这些信息汇总起来，及时通过短信平台、微信平台直接发到每一个社员的手机，让社员不用再费时费力亲自去了解行情。

黑龙江省讷河市九井水稻生产加工销售专业合作社发挥信息作用，节本增效

黑龙江省讷河市九井水稻生产加工销售专业合作社安排专人通过农业信息网查询水稻生产信息、供求信息、市场报价、政策出台等方面信息，对水稻生产、设备购买、产品销售起到了不少替代的作用，并获得关于水稻低温冷害防治等的生产信息 20 余条，设备机械购买信息 5 条，产品报价信息 50 余条，产品销售信息 15 条，签订有机大米意向协议 50 吨。全年节省出差定购成本、参观学习成本等合计 5 万元，增加销售效益 30 余万元。

（来源：中国农民合作社研究网，2012 年 11 月 3 日）

五、农产品加工销售

（一）农产品加工服务

据笔者 2013 年针对全国各地 20 多万家农民合作社的大样本调查，已经兴办农产品加工的合作社只占到 3% 多一点，大部分合作社仍然没有提供农产品加工服务。

合作社为什么要提供农产品加工服务呢？

最主要的是合作社可以通过对农产品进行初加工或深加工，延长产品产业链条，获得农产品附加值增加部分的收益，提高社员的收入水平。另一个原因是，当前国家扶持奖励的合作社示范社大部分都要求提供加工服务。只有那些生产加工规模大、社会服务功能全的合作社才能享受到政策资金。

再者，国家在近几年实施的农产品产地初加工补助项目就明确指出合作社是补助对象，符合条件的合作社都可以申请项目补助。

农产品加工有哪些？

1. 按原料的加工程度分类

可分为农产品初加工和农产品深加工。农产品初加工是指加工程度浅、层次少、理化性质和营养成分变化小的加工过程，一般不改变农产品的内在成分。农产品深加工是相对初加工而言，通常是加工程度深、层次多、工序繁杂，原料的理化性质改变较多，营养成分分割很细的加工过程。

2. 按原料的改变程度分类

可分为 4 级：第一级加工是洗净、分级；第二级加工是压榨、研磨、切割和调配；第三级加工是烹煮、消毒、制罐、脱水、冷冻、纺织、提炼、调配；第四级加工是化学处理、添加营养成分。

3. 按加工对象分类

按加工对象分类则是有多少种农产品就有多少种农产品加工。例如粮食类农产品加工就有大米加工、玉米加工、面粉加工等，豆类农产品加工就有花生加工、大豆加工等。

4. 按加工产品的最终用途分类

按加工产品的最终用途可分为食品加工、饮料加工、皮革加工、服装加工、药材加工、能源加工、家具加工、工艺美术加工、竹木建筑材料加工等。

辽宁省抚顺县红顺中药材专业合作社进军农产品加工业

辽宁省抚顺县红顺中药材种植专业合作社成立于 2008 年 8 月。该社早期以中药材种植、收购为主要业务。2009 年，红顺合作社投资建设了 10 座山野菜反季节生产大棚和 1 座年加工能力 1 000 吨的中药材、山野菜加工厂。加工厂占地面积 10 000 米^2；总建筑面积 5 000 米^2，其中生产车间 1 100 米^2，库房 575 米^2，办公室 200 米^2，烘干室 200 米^2。主要生产设备有电热蒸汽发生器、翻板式烘干机、转盘式切药机、热风循环烘箱、直切式切药机等。合作社通过延长产业链条，应用山野菜保鲜技术及开发中药材烘干、切片和颗粒剂产品，可以大幅度提高产品附加值。2010 年下半年新打 1 眼 480 米深井，2011 年生产五味子茶、刺五加饮料等保健饮品，进军中药材饮料市场。

（来源：笔者调研）

2015 年农产品加工合作社示范社推荐申报的基本条件

（1）科学管理水平高。依法登记注册，组织机构健全，制度机制完善，成员职责明确，诚信经营，规范管理，正常运转 3 年以上。

（2）生产加工规模大。从事农产品产地初加工，包括产后净化、分等分级、烘干、预冷、贮藏、保鲜、包装、物流运输等；从事农产品精深加工及副产物综合利用等生产经营。登记社员数量较多，原料生产基地规模大，配备相应的加工技术设备和设施。

（3）产品市场销售好。产品符合质量标准，合格率、检验率高于当地平均水平，有注册商标、自主品牌以及稳定的营销渠道。近 3 年合作社的农产品生产加工总量、销售收入、利润总额不断增长。

（4）社会服务功能全。生产资料统一购买率、主要产品统一销售率超过当地平均水平。与科研院校建立合作关系，具有一定的新产品、新技术、新设备开发推广能力。具备为社员提供品种、技术、市场、信息等服务的能力，社会反响好。

（5）致富带头作用强。合作社与农民利益紧密，成员收入高于本县（市、区）同行业非成员、非加工农户收入均在 20% 以上。合作社负责人是当地致富带头人，思想品质好，综合素质高，开拓能力强。

（二）农产品营销服务

合作社为社员提供农产品统一销售服务需要根据农业生产的实际情况和农

产品的消费特点，选择适合农产品的营销手段和营销渠道。

对合作社而言，提供统一的产品销售服务有助于合作社创建自主品牌，形成品牌效应，提升农产品销售收益，进而惠及全体社员。

对社员而言，合作社帮忙销售农产品不仅解决了社员个人“卖难”问题，还避免了社员间同质产品的恶性竞争，增强农产品卖方的市场谈判地位，提高出售价格。

1. 合作社和社员的销售关系

合作社为社员提供农产品销售服务时，就产品销售关系来说，合作社和社员一般有这几种方式：

（1）合作社中介推销。合作社并不负责社员农产品的集中销售，而是为社员和购货商搭建沟通衔接的平台，由社员和购货商直接进行洽谈和销售。

合作社可以采用多种形式促成社员和购货商见面。例如，合作社举办产品产销节、为社员提供购货商的信息或引荐购货商等。

在这种方式下，合作社只起到中介的作用，不直接参与销售活动的具体过程，销售活动在社员和购货商之间进行，有时候也会令社员处于不对等的市场地位。

（2）合作社代理销售。社员把农产品委托给合作社代理出售，当产品出售后，合作社提取少量销售费用。

通常来说，这种方式有两种类型：

一是社员有条件地委托合作社代理销售。社员给合作社定下农产品的销售时间和销售价格，即合作社在规定的销售时段内出售农产品的价格不能低于委托的销售价格。例如，社员认为今年的湿稻谷每千克卖 2 元才不至于亏本，要求合作社的销售价格不低于 2 元 / 千克。带有条件的委托方式可能会让合作社丧失最佳的出售时机，因为合作社不能及时做出销售决策。

二是社员无条件委托合作社代理销售。不论合作社在哪个时段、以什么样的价格出售社员的农产品，社员都无条件接受，但前提是合作社要坚持争取社员整体的利益最大化。当农产品销售完毕后，合作社根据社员的交易量或交易额将盈余返还给社员。

（3）合作社保护价收购。合作社跟社员签订收购合同，约定保底收购价。当农产品上市时，市场价格高于保底价，合作社按市场价格收购农产品；市场价格低于保底价时，合作社按保底价收购农产品。

这种方式下，合作社承担了全部农产品销售风险，一般是建有加工厂的合作社普遍采取该方式。

（4）合作社随行就市+优惠价收购。合作社跟社员没有约定保底收购价，收购社员的农产品时，考虑农产品的品质和分级，以比当时当地的市场价略高的价格收购，社员可以自由选择将农产品卖给合作社或卖给其他人。

这种方式下，销售风险仍是社员承担。有稳定销售渠道且已形成一定品牌效应的合作社多采用这种方式。

（5）合作社统一销售。合作社将社员的农产品按质量统一进行分类分级，然后由合作社统一包装、统一出售，售后统一按交易数量和等级向社员付款。当合作社有盈余时，按社员的交售农产品的数量或交易额进行年终二次盈余返还。

这种方式多在销售规模较大的合作社中被采用。

2.合作社的销售方式

当合作社统一销售社员的农产品时，合作社的销售渠道主要有以下几种方式：

（1）产地直接销售。合作社将社员的农产品集中收购后直接在产地市场销售，减少了现货产品的损失，降低了交易成本。这一销售方式特别适用于鲜活农产品的销售。

有时候，合作社直接跟收购量大的农产品经纪人对接，合作社协调社员在同一时间内采收农产品统一交售给经纪人。

规模较小、实力较弱的合作社宜采用这种销售方式。

（2）进入专业市场销售。当地或附近有较为成熟的农产品批发市场、专业市场等，而合作社又有运输车辆等流通设备，此时合作社就有条件将农产品经过初步的分级、分类后，统一运输到专业市场销售。

这种方式下，合作社承担的运输成本略有上升，但产品售价一般会比农产品经纪人上门收购价要高。

（3）通过订单方式销售。合作社在生产计划确定之前就跟相关的企业、超市、餐馆、学校、批发市场、经销商等签订产品购销订单合同，按照他们的需要确定生产产品的品种、数量，生产出的产品按订单约定价格交售给合同购买方。这是合作社销售农产品风险较小的销售方式之一。

采用这种方式需要合作社联系到信用较高的交易对象，降低对方违约造成的损失。

（4）选择代理商代销。合作社将农产品委托给专业的经销商去销售。这种方式的优点是合作社省心、省事、省销售成本，缺点是容易受到经销商的要挟和控制，销售利润要与经销商分享，同时合作社可能要承担部分或全部销售风险。例如，经销商将卖不出去的农产品退回给合作社自行处理。

（5）自建销售点直销。合作社在市区、社区居民点、专业市场里建立自己的产品销售机构，采取直供直销模式，定期将合作社生产的产品运送到直销点卖给消费者。

这种方式的优点是流动环节少、降低了中间消耗，农产品的售价更实惠，既照顾了生产者，又返利了消费者。

缺点是建立直销点增加了销售成本和物流成本，且合作社要承担全部销售风险。

黑龙江省九井水稻生产加工销售专业合作社实施品牌营销

合作社自建立之初，就开始注重商标申报、食品加工生产许可、健康卫生许可、有机标识认证等涉及合作社做强、做大、做高的办公证件，至今所有证件已办理完毕。为打出自己的品牌，合作社多次派人参加齐齐哈尔绿色食品博览会、哈尔滨国际经济贸易洽谈会、沈阳（国际）有机绿色食品博览会、烟台第十届中国绿色食品博览会等，走出去推销自己的产品、了解市场行情、建立客户关系，为本合作社产品远销广州、上海、四川等地打下了坚实基础。“一称金”大米已获东北地区畅销品牌，成品价已达 20 ~ 50 元 / 千克。

（来源：中国农民合作社研究网，2012 年 11 月 3 日）

3. 新兴销售渠道

随着市场经济的发展，新兴销售渠道应运而生，例如，合作社可以选择农超对接、农校对接、农企对接、农餐对接、农社对接、电子商务等销售渠道。

（1）农超对接。农超对接是国外普遍采用的一种农产品生产销售模式。随着大型连锁超市和产地农民合作社的快速发展，我国的许多大城市已经具备了鲜活农产品从产地直接进入超市的基本条件。

比较典型的农超对接模式是“超市 + 合作社 + 农民”，家乐福超市就是采用这一模式。

新疆维吾尔自治区家乐福“农超对接”实现规模化

2010 年家乐福全国直采团队与新疆的 10 个农民合作社开展了合作，采购新疆的特色农产品，如葡萄、葡萄干、香梨、哈密瓜、大枣、核桃等在家乐福 48 个城市的 170 多家大型综合超市销售。2010 年共采购 5 772 吨，采购金额达到 4 600 万元人民币。

由于采购量大，家乐福一般是跟合作社进行“直采”，不跟散户合作。同时，家乐福超市会定期对合作社进行相关培训，提高合作社的生产能力和管理能力，帮助合作社寻找物流和包装供应商，加强合作，实现共赢。

（来源：天山网，2011 年 3 月 4 日）

（2）农校对接。农校对接是指农产品与高校食堂直接对接，高校食堂需要什么，农民就生产什么，既可避免生产的盲目性，稳定农产品销售渠道和价格，同时，还可减少流通环节，降低流通成本，通过直采可以降低流通成本 20% ～ 30%，给学生带来实惠。

贵州省安龙县志琴种养殖农民专业合作社“农校对接”促发展

2015 年以来，贵州省安龙县通过农民合作社或农户与辖区内的学校食堂签订供销协议订单收购的方式，大力推行“农校对接”，在保障学校食品营养和质量，带动产业发展促进农户增收方面呈现出了越来越明显的效果。志琴种养殖农民专业合作社在没有实行“农校对接”以前，猪的 1 个月的存栏销售只达到 20 ~ 30 头，与“农校对接”以后，1 个月就出栏 100 头左右。

与此同时，为满足学校食堂所需，合作社还带动了周边村组 30 多户村民发展蔬菜种植达 400 多亩。

（来源：中国经济网，2015 年 6 月 17 日）

（3）农企对接。农企对接是指食品加工企业在购进农产品时，取消中间环节，直接跟农民合作社对接，具体生产计划好产品收购由企业负责，实行订单式生产。

农企对接解决了农民“卖难”问题，对合作社来说，要选择信誉好、知名度高、规模大的企业进行合作。对企业来说，企业应根据市场情况制订生产计划，严格执行收购合同，及时回款，保障广大社员的利益。

山东省沂水高山茶叶专业合作社“农企对接”助农增收

合作社按照“龙头企业 + 合作社 + 农户”的发展模式，与蒙山龙雾茶叶有限公司开展合作，发展订单式农业，充分利用龙头企业的市场、技术优势，与公司签订销购合同，形成上联龙头企业、下联农户的产销一体化生产经营体系，使社员的鲜茶销售、经济收益得到了保障，同时为公司提供了质量有保障的原料，实现了双方共赢。

具体运转为：每年合作社与公司签订生产收购合同，明确合作社提供鲜茶的质量、数量以及保护价；合作社根据合同组织社员进行生产，并将鲜茶以保护价收购，并以高于市场价销售给公司，所得收益按照社员与合作社交易额进行补贴，大棚茶鲜叶每100元补贴20元，陆地茶鲜叶每100元补贴5元，年底再根据社员交易额，对社员进行统一奖励，每100元奖励价值2元的豆饼。

（来源：中国农经信息网，2010年4月21日）

（4）农餐对接。农餐对接是指合作社向餐饮企业（食堂、宾馆、饭店）直供农产品的新型流通方式。和农企对接类似，餐饮企业根据需要跟合作社签订农产品订单，合作社按餐饮企业制订的生产计划组织社员生产。

延伸阅读

四川省成都市首推“农餐对接”

2010年12月10日，成都首次推出了“农餐对接”——农民与餐饮企业经营者面对面进行蔬菜交易。当天，在彭州濛阳镇四川国际农产品交易中心，60余家餐饮企业与成都多家农民合作社、涉农龙头企业，现场签下3.5亿元蔬菜订单，这让受困于蔬菜外销下降、价格走低的菜农，心里乐开了花。

现场餐饮企业也对“农餐对接”评价甚高，他们认为，直接与农民合作社对接，可以平抑终端价格，不但降低了成本，也确保农产品的可追溯性和安全性。甚至有餐饮企业负责人表示，今后餐饮企业可以把初加工放在农产品生产基地，吸纳农村劳动力就地就业，增加农民收入，多方受益。

（来源：四川日报，2010年12月11日）

（5）农社对接。农社对接是指合作社向社区的消费者直供农产品的新型流通方式，主要是为优质农产品进入社区搭建平台。以合作社为中介，社区居民需要什么，农民就生产什么，既可避免生产的盲目性，稳定农产品销售

农产品进社区活动现场

渠道和价格，还可减少流通环节和降低流通成本，实现农民、消费者共赢。

目前，“农社对接”设置的便民菜站（点）大体有三种模式：固定房屋全天售卖式，在社区空地固定时间、地点集中售卖式，一车一棚流动售卖式。

陕西省宝鸡市“农社对接”开辟“菜篮子”直通车

陕西省渭滨区清姜东二路、百合花城小区、秦川机床厂小区、渭工路、火炬路等城市社区，专门为合作社免费提供销售门店。渭滨区张家沟蔬菜合作社、陈仓区绿丰源蔬果合作社和岐山县故郡丰盛瓜菜合作社 3 家，独立经营了 7 个直销门店，日供应蔬菜 25 吨多，蔬菜品种多达 60 个，平均每千克菜价比市场降低 1 元，仅此一个直销区，市民每天节省买菜花费 1.2 万多元。市民高兴地说：市政府为老百姓想得太周到了。合作社的社员也反映：有了销售门店，今后我们要种更多更丰富的蔬菜，确保城市市场供应。

（来源：陕西日报，2010 年 12 月 25 日）

（6）农村电子商务。农村电子商务是指合作社通过网络平台进行农产品销售活动，即“合作社 + 互联网 +”的运营模式，它是基于互联网平台的交易，使产销之间的直接沟通成为可能，从根本上减少农产品的流通环节，使农产品通过物流供应商配送到消费者，提高了时效。

农产品电商主要以特产店销售为主，这些店只是作为中间流通商，一般设立在二、三线城市，从合作社、农户手中收购农产品再进行分装销售。

未来，随着“互联网 +”的发展，合作社通过农村电子商务渠道销售农产品将大有可为。

北京市农民专业合作社的网络营销

2008年，北京市房山区依托“房山农合网”构建了“网上联合社”，开通运营两年来，为120家农民专业合作社建立网店，涉及入社及社外农民20 059人。“网上联合社”设立合作社简介、产品展厅、管理建设、技术服务等栏目，推介会员产品562种，为合作社进行产品宣传，为成员提供技术服务，树立合作社文化形象，加强合作社对外交流。到2010年10月底止，通过“网上联合社”累计实现产品交易1 200余次，经营收入1 700万元，平均每位社员增收近3万元。“网上联合社”信息服务平台的开通，为农民专业合作社社员拓宽了收入渠道，提高了社员的收入。

（来源：中国农民合作社信息网，2012年5月24日）

六、品牌建设

品牌是有价值的，是一种无形资产，可以提高产品的附加值，进而提高产品生产者的利润。当前，质量和品牌已成为农产品市场竞争的重要手段。对合作社来说，它们创建的品牌就是合作社经营产品质量的象征、产品标准的承诺、服务信誉的保证。所以，在市场经济条件下，合作社要努力创建被社会大众认可的品牌，寻求有竞争优势的品牌经营策略。

需要注意的是，并不是所有合作社都适合创建品牌，如一些合作社刚刚组建的时候可能遇到社员人数少、经营规模小、市场覆盖范围小、产品质量低等问题，合作社自身发展比较艰难，更没有资金去创建自主品牌，如果这时候贸然花费资源去创建品牌，只会使合作社的经营更加困难，反而会限制了合作社的生存和发展。

通常来说，当合作社发展得较为成熟和稳定、具有较多社员和较大市场的时候，就可以创建自己的品牌了。此时创建品牌恰好能起到将全体社员生产的产品统一用某个牌子向全国各地销售出去的效果，创建品牌带来的好处也会大大超过付出。

良好的农业生产环境是合作社创建品牌的基础，对此，合作社应先在本社范围内开展标准化生产，然后再去申请各类产品认证和地理标志登记。

（一）开展农业标准化生产

农业标准化就是以农业为对象的标准化活动，即运用“统一、简化、协调、选优”的原则，通过制定和实施标准，把农业产前、产中和产后各个环节纳入标准生产和标准管理的轨道。

农业标准化的过程，就是运用现代科技成果改造传统农业的过程，是以现代工业理念谋划和建设现代农业的过程。

1. 合作社开展农业标准化生产的好处

当前，农产品质量安全越来越受到消费者的重视。在此背景下，农民合作社开展农业标准化生产将会获得以下好处：

一是标准化为合作社组织现代化生产创造了条件。随着社员数量的增加和合作社经营规模的扩大，合作社生产的社会化程度越来越高，生产规模越来越大，技术要求越来越复杂，分工越来越细，生产协作越来越广泛，这就必须通过制定和使用标准，来保证各生产部门的活动，在技术上保持高度的统一和协调，以使生产正常进行。

二是标准化生产为合作社实现科学管理奠定了基础。所谓科学管理，就是依据生产技术的发展规律和客观经济规律对企业进行管理，而各种科学管理制度的形式，都以标准化为基础。合作社通过制定各种技术标准和管理标准，为编制生产计划、生产产品和保证产品质量等管理工作提供了科学依据。同时，标准化生产也能加强合作社跟生产资料供应商、加工企业、农产品销售商之间建立协调的合作关系。

三是提高了合作社的产品质量和市场竞争力。合作社通过建立标准化生产，引领社员按照统一的技术要求，借助合作社提供的统一服务，生产出同质的农产品，同时，通过合作社统一注册产品商标，统一加工包装，可以提升产品的市场竞争力。

四是更易于合作社创建品牌和增加社员收入。合作社通过开展农业标准化生产去提高农产品质量，产品在有保障的前提下更容易打响自主品牌，获得品牌效应。以统一品牌销售社员生产的农产品，无疑会比市场上毫无标签的农产品的价格要高得多，即品牌化销售对提高社员收入水平有着重要作用。例如，超市里同样是卖柿子椒，散装、没有品牌标签的每千克卖4元；两个柿子椒装到一个盒子里，贴上有机蔬菜标签，就能卖到8元左右，甚至更高。

2. 合作社怎样开展农业标准化生产

一般来说，合作社开展农业标准化生产的程序可能会经历如下步骤：

一是进行策划。合作社根据市场需求和合作社的实际情况及发展目标，研究制定合作社的农业标准化体系建设的基本目标、原则和框架。最重要的是明确合作社的标准化生产是采用自建农业生产基地去实施，还是通过引领社员按统一规程分户进行标准化生产，或者是两种方式相结合。

二是制定农业标准。合作社根据策划的结果，制定合作社的农业技术标准、农业管理标准和农业工作标准。制定的标准要与现行国家、行业、地方标准相衔接配套。

三是做好准备工作。合作社要做好思想准备，要使全体社员了解标准化生产的意义和好处，动员他们积极参与；设置相关机构组织实施标准化生产工作；进行必要的技术准备，包括为社员培训相关技术和进行标准实施的试点工作；购置所需的设备、仪器、工具和农资等。

四是开展试点。在全社大范围推行标准化生产之前，合作社可以选择有代表性的社员或者部分基地进行标准化生产试点，积累经验，为在全社大范围推广创造条件。

五是全面实施。

六是总结改进。在全社大范围推广实施一段时间后，要对实施效果进行评价，检查标准化生产的可行性和适用性，及时发现问题，总结经验，提出改进计划，落实改进措施。

（二）农产品“三品一标”认证

农产品“三品一标”认证，是指无公害农产品、绿色食品、有机食品和农产品地理标志的认证。

一般来说，有机食品认证比绿色食品认证的标准要高，绿色食品认证比无公害农产品的认证标准要高，较容易达到的是无公害农产品认证，最难达到的是有机食品认证。

农产品地理标志登记保护的主要目的是挖掘、培育和发展独具地域特色的传统优势农产品品牌，保护各地独特的产地环境，提升独特的农产品品质，增强特色农产品市场竞争力，促进农业区域经济发展。

1. 无公害农产品认证

无公害农产品标志

无公害农产品，是指产地环境和产品质量均符合国家普通加工食品相关卫生质量标准要求，经政府相关部门认证合格、并允许使用无公害标志的食品。这类食品不对人的身体健康造成任何危害，是对食品的最起码要求，我们的食品均应符合这种食品的要求，所以无公害食品是指无污染、无毒害、安全的食品。

（1）无公害农产品产地认定。无公害农产品产地认定是无公害农产品认证的先决条件，没有无公害农产品产地认定证书就不能申报无公害农产品认证。

省级农业行政主管部门负责本辖区内无公害农产品产地认定工作。农民合作社应当向产地所在地县级人民政府农业行政主管部门提出申请，并提交有关材料。无公害农产品产地认定所需提交材料清单见表 4-1。

表 4-1　无公害农产品产地认定需提交材料清单

序号	材料名称
1	无公害农产品产地认定申请书
2	产地的区域范围、生产规模
3	产地环境状况说明
4	无公害农产品生产计划
5	无公害农产品质量控制措施
6	专业技术人员的资质证明
7	保证执行无公害农产品标准和规范的声明
8	要求提交的其他有关材料

合作社可以向所在地县级农业行政主管部门申领无公害农产品产地认定申请书和相关资料，或者从中国农业信息网站（www.agri.gov.cn）下载获取。

县级农业行政主管部门自受理之日起 30 日内，对合作社的申请材料进行形式审查。符合要求的，出具推荐意见，连同产地认定申请材料逐级上报省级农业行政主管部门。

省级农业行政主管部门应当自收到推荐意见和产地认定申请材料之日起 30 日内，组织有资质的检查员对产地认定申请材料进行审查。

材料审查符合要求的，省级农业行政主管部门组织有资质的检查员参加的检查组对产地进行现场检查。申请材料和现场检查符合要求的，省级农业行政主管部门通知申请人委托具有资质的检测机构对其产地环境进行抽样检验。检测机构应当按照标准进行检验，出具环境检验报告和环境评价报告，分送省级农业行政主管部门和申请人。

省级农业行政主管部门对材料审查、现场检查、环境检验和环境现状评价符合要求的，进行全面评审，并做出认定终审结论。符合颁证条件的，颁发无公害农产品产地认定证书。

无公害农产品产地认定证书有效期为 3 年。期满后需要继续使用的，证书持有人应当在有效期满前 90 日内重新办理。

（2）无公害农产品认证。农业部农产品质量安全中心承担无公害农产品认证工作。

农民合作社申请无公害农产品认证时，可以通过省级农业行政主管部门或者直接向农业部农产品质量安全中心申请产品认证，并提交有关材料。无公害农产品认证所需提交材料清单见表 4-2。

表 4-2　无公害农产品认证需提交材料清单

序号	材料名称
1	无公害农产品认证申请书
2	无公害农产品产地认定证书（复印件）
3	产地环境检验报告和《环境评价报告》
4	产地区域范围、生产规模
5	无公害农产品的生产计划
6	无公害农产品质量控制措施

续表

序号	材料名称
7	无公害农产品生产操作规程
8	专业技术人员的资质证明
9	保证执行无公害农产品标准和规范的声明
10	无公害农产品有关培训情况和计划
11	申请认证产品的生产过程记录档案
12	合作和社员签订的购销合同范本、农户名单以及管理措施
13	要求提交的其他材料

农民合作社向农业部农产品质量安全中心申领无公害农产品认证申请书和相关资料，或者从中国农业信息网站下载。农业部农产品质量安全中心自收到申请材料之日起，应当在15个工作日内完成申请材料的审查。申请材料符合要求的，但需要对产地进行现场检查的，农业部农产品质量安全中心应当在10个工作日内做出现场检查计划并组织有资质的检查员组成检查组，同时通知申请人并请申请人予以确认。农业部农产品质量安全中心对材料审查、现场检查（需要的）和产品检验符合要求的，进行全面评审，在15个工作日内做出认证结论。符合颁证条件的，由农产品质量安全中心主任签发无公害农产品认证证书。

无公害农产品认证证书有效期为3年，期满后需要继续使用的，证书持有人应当在有效期满前90日内重新办理。

2. 绿色食品认证

绿色食品，是指无污染、优质、营养食品，经国家绿色食品发展中心认可，许可使用绿色食品商标的产品。

绿色食品分为两级，即A级绿色食品（生产条件要求较低的食品）和AA级绿色食品（质量要求较高，与有机食品要求基本相同）。

哪些产品可以申报绿色食品标志

绿色食品标志是经中国绿色食品发展中心注册的质量证明商标，按国家商标类别划分的第 29、第 30、第 31、第 32、第 33 类中的大多数产品均可申报绿色食品标志。

第 29 类的肉、家禽、水产品、奶及奶制品、食用油脂等；

第 30 类的食盐、酱油、醋、米、面粉及其他谷物类制品、豆制品、调味用香料等；

第 31 类的新鲜蔬菜、水果、干果、种子、活生物等；

第 32 类的啤酒、矿泉水、水果饮料及果汁、固体饮料等；

第 33 类的含乙醇的饮料。

新近开发的一些新产品，只要经卫生部以“食”字或“健”字登记的，均可申报绿色食品标志。经卫生部公告的既是食品又是药品的品种，如紫苏、菊花、白果、陈皮、红花等，也可申报绿色食品标志。

合作社申请绿色食品认证须经过以下程序：

（1）认证申请。合作社向中国绿色食品发展中心（以下简称“中心”）及其所在省级绿色食品办公室（以下简称“省绿办”）、绿色食品发展中心领取绿色食品标志使用申请书、企业及生产情况调查表及有关资料，或从中心网站（www. greenfood.org.cn）下载，向省绿办递交相关材料。

（2）受理及文审。省绿办收到合作社的申请材料后，进行登记、编号，5 个工作日内完成对申请认证材料的审查工作，并向合作社发出文审意见通知单，同时抄送中心认证处。

（3）现场检查、产品抽样。省绿办应在文审意见通知单中明确现场检查计划。现场检查合格，可以安排产品抽样。

（4）环境监测。绿色食品产地环境质量现状调查由检查员在现场检查时同步完成。

（5）产品检测。绿色食品定点产品监测机构自收到样品、产品执行标准、绿色食品产品抽样单、检测费后，20 个工作日内完成检测工作，出具产品检测报告，连同填写的绿色食品产品检测情况表，报送中心认证处，同时抄送省绿办。

（6）认证审核。省绿办收到检查员现场检查评估报告和环境质量现状调查报告后，3个工作日内签署审查意见，并将认证申请材料、检查员现场检查评估报告、环境质量现状调查报告及省绿办绿色食品认证情况表等材料报送中心认证处。中心认证处在确认收到最后一份材料后2个工作日内下发受理通知书，书面通知申请人，并抄送省绿办。中心认证处组织审查人员及有关专家对上述材料进行审核，20个工作日内做出审核结论。

（7）认证评审。绿色食品评审委员会自收到认证材料、认证处审核意见后10个工作日内进行全面评审，并做出认证终审结论。

（8）颁证。中心在5个工作日内将办证的有关文件寄送“认证合格”申请人，并抄送省绿办。申请人在60个工作日内与中心签订绿色食品标志商标使用许可合同。中心主任签发证书。

合作社申报绿色食品标志需要提供哪些材料

合作社向省级绿色食品管理部门提交如下材料：

（1）绿色食品标志使用申请书；

（2）企业及生产情况调查表；

（3）保证执行绿色食品标准和规范的声明；

（4）生产操作规程（种植规程、养殖规程、加工规程）；

（5）合作社对“基地＋农户”的质量控制体系（包括合同、基地图、基地和农户清单、管理制度）；

（6）产品执行标准；

（7）产品注册商标文本（复印件）；

（8）企业营业执照（复印件）；

（9）企业质量管理手册。

3. 有机食品认证

有机食品是指来自有机农业生产体系，根据国际有机农业生产要求和相应的标准生产加工的、并通过独立的有机食品认证机构认证的一切农副产品，包括粮食、蔬菜、水果、奶制品、禽畜产品、水产品、调料等。

农民合作社应当清楚，获得国家认证认可监督管理委员会认可的有机食品认证机构有20多家，国家环境保护总局有机食品发展中心是目前国内有机食品综合认证的权威机构。合作社申请有机食品认证时要注意选择好认证机构。

合作社申请有机食品认证需要缴纳一定费用，须考虑自身的费用承受能力。

有机食品生产的基本要求：生产基地在最近三年内未使用过农药、化肥等违禁物质；种子或种苗来自自然界，未经基因工程技术改造过；生产单位需建立长期的土地培肥、植保、作物轮作和畜禽养殖计划；生产基地无水土流失及其他环境问题；作物在收获、清洁、干燥、贮存和运输过程中未受化学物质的污染；从常规种植向有机种植转换需两年以上转换期，新垦荒地例外；生产全过程必须有完整的记录档案。

有机食品加工的基本要求：原料必须是自己获得有机颁证的产品或野生无污染的天然产品；已获得有机认证的原料在终产品中所占的比例不得少于95%；只使用天然的调料、色素和香料等辅助原料，不用人工合成的添加剂；有机食品在生产、加工、贮存和运输过程中应避免化学物质的污染；加工过程必须有完整的档案记录，包括相应的票据。

有机食品认证的基本程序：

➢ 申请者向认证中心提出正式申请，填写申请表和交纳申请费；

➢ 认证中心核定费用预算并制订初步的检查计划；

➢ 申请者交纳申请费等相关费用，与认证中心签订认证检查合同，填写有关情况调查表并准备相关材料；

➢ 认证中心对材料进行初审并对申请者进行综合审查；

➢ 实地检查评估；

➢ 编写检查报告；

➢ 综合审查评估意见。认证中心根据申请者提供的调查表、相关材料和检查员的检查报告进行综合审查评估，编制颁证评估表，提出评估意见提交颁证委员会审议；

➢ 颁证委员会决议，做出是否颁发有机证书的决定；

➢ 颁发证书。根据颁证委员会决议，向符合条件的申请者颁发证书；

➢ 有机食品标志的使用。根据有机食品证书和《有机食品标志管理章程》，办理有机标志的使用手续。

4. 农产品地理标志登记

农产品地理标志，是指标示农产品来源于特定地域，产品品质和相关特征主要取决于自然生态环境和历史人文因素，并以地域名称冠名的特有农产品标志。

国家对农产品地理标志实行登记制度，登记不收取费用。

农业部负责全国农产品地理标志的登记工作，农业部农产品质量安全中心负责农产品地理标志登记的审查和专家评审工作。省级农业行政主管部门负责本行政区域内农产品地理标志登记申请的受理和初审工作。

合作社申请农产品地理标志登记的农产品应满足哪些条件

（1）称谓由地理区域名称和农产品通用名称构成；

（2）产品有独特的品质特性或者特定的生产方式；

（3）产品品质和特色主要取决于独特的自然生态环境和人文历史因素；

（4）产品有限定的生产区域范围；

（5）产地环境、产品质量符合国家强制性技术规范要求。

申请使用农产品地理标志的合作社应符合哪些条件

（1）生产经营的农产品产自登记确定的地域范围；

（2）已取得登记农产品相关的生产经营资质；

（3）能够严格按照规定的质量技术规范组织开展生产经营活动；

（4）具有地理标志的农产品市场开发经营能力。

合作社申请农产品地理标志登记的基本程序如下：

（1）合作社向省级农业行政主管部门提出登记申请，并提交有关材料。所需提交材料清单见表 4-3。

表 4-3　合作社申请农产品地理标志登记需提交材料清单

序号	材料名称
1	登记申请书
2	申请人资质证明
3	产品典型特征特性描述和相应产品品质鉴定报告
4	产地环境条件、生产技术规范和产品质量安全技术规范
5	地域范围确定性文件和生产地域分布图
6	产品实物样品或者样品图片
7	其他必要的说明性或者证明性材料

（2）初审。省级农业行政主管部门自受理农产品地理标志登记申请之日起，应当在 45 个工作日内完成申请材料的初审和现场核查，并提出初审意见。符合条件的，将申请材料和初审意见报送农业部农产品质量安全中心。

（3）评审公示。农业部农产品质量安全中心应当自收到申请材料和初审意见之日起 20 个工作日内，对申请材料进行审查，提出审查意见，并组织专家评审。经专家评审通过的，由农业部农产品质量安全中心代表农业部对社会公示。

（4）发证。公示无异议的，由农业部做出登记决定并公告，颁发中华人民共和国农产品地理标志登记证书，公布登记产品相关技术规范和标准。农产品地理标志登记证书长期有效。农产品“三品一标”申请比较参见表 4-4。

表 4-4　农产品“三品一标”申请比较

类别	认证机构	标准	化学合成物	有效期	申请费用
无公害农产品	农业部农产品质量安全中心	国家标准、农业行业标准和地方标准	允许限量合理使用	3 年	无
绿色食品	中国绿色食品发展中心	农业行业标准和地方标准	允许限量使用	3 年	有
有机食品	认证机构	国际标准和各国家标准	不允许使用	1 年	有
农产品地理标志	农业部农产品质量安全中心	《农产品地理标志管理办法》	——	长期	无

四川省自贡市四海养鸡专业合作社实施标准化生产和品牌营销

四川省自贡市四海养鸡专业合作社成立于 2006 年 9 月，位于荣县望佳镇品山村二组。合作社主要从事蛋鸡生产管理、技术咨询、信息服务、鸡蛋销售等业务，在荣县建有核心基地——自贡市绿源养殖场，该场占地 60 余亩，饲养蛋鸡 15 万只，年实现产值 230 万元，年实现利润 180 万元。在海南省建有 3 个分场，现发展自贡、内江、宜宾、海南养鸡社员 1 856 个，其中，存栏蛋鸡 2 000 只以上的核心会员 365 户。2010 年合作社蛋鸡养殖规模达到 188 万只，生产鸡蛋 24 000 多吨，年供应广州市场 7 000 吨，实现总产值 2.1 亿元，规模养殖大户户均纯收入达 3 万元以上，一般规模户户均养鸡收入 1.1 万元以上，现已发展成为全市现代畜牧业示范基地，市农村党员干部短期培训基地，并获得省、市农民专业合作社示范社等光荣称号。

（一）建基地——高起点建标准化示范场，实现养殖设施自动化

2010 年，合作社在县委县政府的关心支持下，组织技术人员赴重庆、陕西等地参观考察学习了全自动化蛋鸡养殖新模式，根据考察学习经验，结合自身优势，在合作社核心基地绿源养殖场，按养殖设施自动化标准，新建成存栏蛋鸡 5 万只全自动化全封闭标准化养殖场。全自动化全封闭养殖场的主要功能

是通过智能控制温度、湿度和光照，机械输送饲料、鸡蛋，机械刮粪，自动清洗、喷码、包装鸡蛋。经对比论证，实施养殖设施自动化，不仅大大提高了科技含量，减轻了劳动强度，加强了环境保护，为蛋鸡生产提供了一个舒适的饲养环境，而且能延长产蛋高峰期 3 ～ 5 个月，提高产蛋率 10%，节省饲料 8%，每只鸡效益可增加 12 ～ 15 元，给合作社规模养鸡户大力发展蛋鸡产业指明了“钱”进的方向。

（二）标准化——实行“八统一”生产模式，全面推行标准化生产

合作社按照无公害畜产品生产标准要求，制定了《荣县无公害蛋鸡饲养管理、饲料、兽药使用、兽医防疫规范》，对蛋鸡生产的每一个技术环节做出科学具体的规定，并通过每年不低于 4 次的集中技术培训和适时现场指导等形式，对所有合作社成员实行“八统一”服务，即：统一设计、统一供苗、统一供料、统一防疫、统一技术、统一培训、统一销售、统一档案。通过“八统一”方式将标准化生产技术规范推广运用到每个养殖场。2010 年共为社员统一组织鸡苗 90 多万羽，每只鸡苗节约成本 0.5 元，为社员节约成本 40 多万元；统一生产饲料 10 000 余吨，每吨降低成本 120 元，共为社员降低养殖成本 120 万元，极大地提高了产品质量，达到了降低风险、降低成本、提高效益的目的。同时，合作社采用“畜 + 沼 + 果”和“畜 + 沼 + 菜”生态生产模式，严格执行畜禽养殖业污染物排放标准（GB 18596—2001），加强示范场、社员养殖场的防疫、消毒、排污等基础设施的技术改造，配套建设沼气池，改善了农村的生态环境。合作社先后获得了四川省、国家无公害鸡蛋生产基地和无公害鸡蛋产品认证。

（三）产业化——走“合作社 + 基地 + 大户”的产业化路子

合作社成立以来坚持走“合作社 + 基地 + 大户”的产业发展模式，以自贡绿源养殖场为核心基地带动养殖户发展，扶持发展了年存栏蛋鸡 2 000 只以上的规模养殖户 365 户、存栏蛋鸡 500 只以上的适度规模养殖户 1 509 户，辐射四川、海南等省，自贡、内江、宜宾、三亚等地区的 76 个乡镇、365 个村。合作社以订单方式组织养殖户饲养，以高于市场价 4 元 / 件（每 500 克 0.1 元）的保护价收购社员的鸡蛋，另外还对统一销售的鸡蛋以每件 1 元实行二次返利，年返还社员利润达到 85 万元，保障了社员鸡蛋销售收益，蛋鸡规模养殖大户户均纯收入达 3 万元以上。同时，合作社大量吸纳和转移农村剩余劳动力，解决了农村剩余劳动力就业问题，提高了个人收入，促进了蛋鸡养殖业和农村经济

的发展。

（四）品牌化——积极拓宽销售网络，打造“绿源乐”无公害鸡蛋品牌

合作社坚持“以营销促发展”的思路，积极开拓产品销售市场。2006 年，合作社注册了“绿源乐”商标，合作社生产的鸡蛋统一以“绿源乐”品牌进行销售，在巩固省内周边市场的基础上，已在重庆、海南、贵州、云南、广西、广东等地区建立了营销网络。合作社每月仅通过广东省荆州蛋业有限公司组织销售的鸡蛋达 600 吨。2010 年，合作社以“绿源乐”品牌统一组织销售鸡蛋 16 500 多吨，实现产值 21 000 万元，实现利润 1 960 多万元，深受消费者好评。“绿源乐”无公害鸡蛋产品供不应求，知名度越来越高，市场竞争力不断增强。

（五）规模化——建立海南生产基地，扩张发展省外市场

2005 年初，合作社对海南省的蛋鸡饲养情况、鸡蛋销售、市场需求情况进行了全面深入调查，发现了极大的市场机遇。海南省是旅游大省，对鸡蛋产品需求量大、质量要求非常高；而海南全省蛋鸡规模饲养量少，不足 20 万只，其中无一户存栏万只以上的规模场，同时限制外省鸡蛋进入其市场，鸡蛋价格较高，鸡饲养利润空间较大，合作社决定在海南发展规模蛋鸡养殖。通过与当地政府、畜牧等相关部门衔接，得到了当地政府及畜牧部门的大力支持。2006 年 3 月，该社在海口文昌租用了一个军用养鸡场，饲养蛋鸡 3 万只；2006 年年底，又在三亚建了一个 3 万只蛋鸡的规模场；2007 年在五指山市租用 100 亩橡胶园，建起了饲养 25 万只蛋鸡的规模场；2010 年上半年又租用了 200 亩橡胶园，建起了饲养 20 万只蛋鸡的规模场。该社到海南发展蛋鸡产业以来，均严格按标准化无公害饲养规程操作，按照“八统一”方式经营，统一“绿源乐”品牌销售。2010 年该社在海南实现产值 3 800 万元，不但占领了海南省 65% 以上的鸡蛋市场，而且为合作社在省外的扩张发展打下了坚实的基础。

（来源：中国禽蛋门户网，2011 年 7 月 12 日）

单元五 农民合作社的财务管理

内容提示

合作社在实际运营中可能会遇到资金管理不严、聘请不到合适的财会人员等问题，或许你根本就认为合作社就是几个农民之间的合作，财务管理规不规范根本不重要。在这里，我们要说，你的观念大错特错了！你知道规范财务管理对合作社发展究竟会有哪些帮助？合作社的基础会计实务也能让你大致明白合作社的经营状况，不至于被“有心人”忽悠。最后，合作社的盈余分配可不是随意分配的，而是有一定顺序的，你知道是按哪些顺序吗？

一、为什么要规范财务管理

财务会计工作是合作社的核心工作，其质量是合作社发展的瓶颈。

财务管理问题是我国当前大部分合作社规范化发展遇到的一大问题。

部分合作社没有自身的账簿，其交易情况仅记录在工作簿上，没有正规的各类凭证和报表；部分虽按要求建账、记账了，但月末还是存在如缺乏真实性、通俗易懂性等问题；部分合作社的财务会计人员素质不高；部分合作社的财务管理不规范等。

合作社为什么要规范财务管理？

1. 从国家层面来讲

国家对合作社的发展提供了很多优惠政策，但这些优惠政策的效果怎样？合作社制定规范的财务会计制度，保证财务会计工作，为国家提供一份“明白账”，进而有利于国家进行宏观管理且为支持合作社的进一步发展制定正确的方针政策。

2. 从合作社自身发展来讲

财务管理的任务是帮助合作社组织各项资金活动，处理各种财务关系，准确记录和反映合作社生产经营状况和财务成果，准确计算和分析成员权益变动和年终盈余分配。

合作社的财务管理目标是服务最优化。为了实现这个目标，合作社的各项工作就必须围绕这个目标来进行。良好的财务管理制度可以促进合作社发展壮大，促进合作社为社员提供最优质的服务。

财务管理涉及合作社日常生产经营活动的方方面面，凡是与资金有关的活动，都与财务管理有关。完善的财务管理制度可为合作社节约资本成本、提高资金使用效率。

3. 加强财务管理对合作社的有利作用

总的来说，加强财务管理对合作社的发展能够起到以下几方面的作用：一是有利于合作社合理利用资金；二是有利于合作社高效控制成本；三是有利于发展成为示范社，享受更多政策优惠；四是有利于促进合作社的健康发展。

二、设立社员账户

（一）社员账户是什么

合作社社员账户又称成员账户，是合作社经营管理中最重要的会计依据，也是合作社在财务上区别于一般经济组织的重要特征。

社员账户是指合作社在进行某些会计核算时，要为每位社员设立明细科目，分别核算。

根据《农民专业合作社法》第三十六条的规定，成员账户主要包括 3 项内容：①记录成员的出资情况；②记录成员与合作社的交易情况；③记录成员的公积金变化情况。这些单独记录的会计资料是确定成员参与合作社盈余分配、财产分配的重要依据。

根据《农民专业合作社法》第三十四条的规定，农民专业合作社与其成员的交易、与利用其提供的服务的非成员的交易，应当分别核算。社员和非社员跟合作社之间的交易的核算方法不同，社员和合作社之间属于内部交易，每笔交易应当在社员账户中进行核算，每一个社员对应一个社员账户。对于非社员和合作社的交易，应当在非社员账户中核算，非社员账户无须一人一账户。

（二）社员账户有什么作用

合作社为社员每人设立一个账户，究竟有哪些作用或好处？

1. 核算成员和合作社的交易量（额），为成员参与盈余分配提供依据

《农民专业合作社法》第三十七条规定，合作社的可分配盈余应当按成员与本社的交易量（额）比例返还，返还总额不得低于可分配盈余的 60%。而返还的依据是成员与合作社的交易量（额），因此分别核算每个成员与合作社的交易量（额）是十分必要的。

2. 核算成员出资额和公积金变化情况，为成员承担责任提供依据

合作社成员以其账户内记载的出资额和公积金份额为限对合作社承担责任。在合作社因各种原因解散而清算时，成员如何分担合作社的债务，都需要根据其成员账户的记载情况而确定。

3. 为附加表决权的确定提供依据

根据《农民专业合作社法》第十七条的规定，出资额或者与本社交易量（额）较大的成员按照章程规定，可以享有附加表决权。只有对每个成员的交易量和出资额进行分别核算，才能确定各成员在总交易额中的份额或者在出资总额中的份额，确定附加表决权的分配办法。

4. 为处理成员退社时的财务问题提供依据

《农民专业合作社法》第二十一条规定，成员资格终止的，农民专业合作社应当按照章程规定的方式和期限，退还记载在该成员账户内的出资额和公积金份额；对成员资格终止前的可分配盈余，依照《农民专业合作社法》第三十七条第二款的规定向其返还。只有为成员设立单独的账户，才能在其退社时确定其应当获得的公积金份额和利润返还份额。

（三）怎样编制社员账户

1. 社员账户的相关科目

成员账户全面反映合作社成员入社的出资额、量化到成员的公积金份额、形成资产的财政补助资金量化到成员的份额、接受他人捐赠财产量化到成员的

份额、按成员与本社的交易量（额）返还给成员的可分配盈余和分配给成员的剩余盈余。

因此，成员账户涉及了股金、资本公积、盈余公积、应付盈余返还、应付剩余盈余等会计科目。这些会计科目按借贷必相等的原则记录。

2. 社员账户的编制方式

《农民专业合作社财务会计制度（试行）》给出了成员账户的基本格式（见表 5-1）。实际工作中，不同的农民合作社可根据自身需要，增加或减少有关项目和内容，确定成员账户的实用格式。在具体编制过程中，可按下列要求进行：

表 5-1　成员账户的格式

成员姓名：　　　　联系地址：　　　　第　　页

编号	年		摘要	成员出资	公积金份额	形成财产的财政补助资金量化份额	捐赠财产量化份额	交易量		交易额		盈余返还金额	剩余盈余返还金额
	月	日						产品1	产品2	产品1	产品2		
1													
2													
3													
4													
年终合计													
				公积金总额：				公积金总额：					

（1）该账户反映合作社成员入社的出资额、量化到成员的公积金份额、成员与本社的交易量（额）以及返还给成员的盈余和剩余盈余金额。

（2）年初将上年各项公积金数额转入，本年发生公积金份额变化时，按实际发生变化数调整填列。“形成财产的财政补助资金量化份额”“捐赠财产量化份额”在年度终了，或合作社进行剩余盈余分配时，根据实际发生情况或变化情况计算调整填列。

（3）成员与合作社发生经济业务往来时，“交易量（额）”按实际发生数填列。

（4）年度终了，以“成员出资”“公积金份额”“形成财产的财政补助资金量化份额”“捐赠财产量化份额”合计数汇总成员应享有的合作社公积金总额，以“盈余返还金额”和“剩余盈余返还金额”合计数汇总成员全年盈余返还总额。

2014 年 1 月，甲、乙、丙、丁、戊 5 人各自出资 2 000 元，以资本金 1 万元注册成立惠民合作社。2014 年年底，合作社全年盈余 5 万元，当年这 5 人与合作社的交易额分别是：甲 1 万元、乙 2 万元、丙 2 万元、丁 2 万元、戊 3 万元。合作社章程规定，将盈利的 10% 提取作为盈余公积，将剩余可分配盈余的 60% 按照交易额返还，40% 按成员账户中记载的出资额和公积金份额，以及本社接受国家财政直接补助和他人捐赠形成资产平均量化到成员的份额，按比例分配给本社成员。其中，盈余公积金按每个成员的出资额占全部股金的比例进行量化。

以社员甲为例，计算过程如下：

（1）股金（出资额）：2 000 元

（2）合作社提取的盈余公积 =50 000×10%=5 000 元

甲享有的盈余公积 =5 000×（2 000/10 000）=1 000 元

（3）合作社可分配盈余应返还给与合作社有交易的成员的金额

（50 000−5 000）×60%=27 000 元

甲按交易额返还的可分配盈余金额 =27 000×（10 000/100 000）=2 700 元

（4）合作社的剩余盈余返还金额 =（50 000−5 000）×40%=18 000 元

甲个人账户中记载的出资额和公积金份额，以及本社接受国家财政直接补助和他人捐赠形成资产平均量化到成员的份额占总份额的比例为：

（2 000+1 000）÷（10 000+5 000）×100%=20%

甲的剩余盈余返还金额 =18 000×20%=3 600 元

甲的“2014 年年底成员账户表”填写样式参见表 5-2。

2015 年，另有 5 人加入合作社，每人出资 2 000 元，他们的股金也按 2 000 元计算。2015 年年底，合作社盈余达到 100 000 元。10 个人跟合作社的交易额总量为 200 000 元，其中甲的交易额比较大，达到了 50 000 万元。同时，2015 年 6 月，合作社获得财政奖励 50 000 元。公积金提取比例和方式跟上年一样。章程规定，合作社接受国家财政直接补助和他人捐赠所形成的资产，按照盈余分配时的合作社成员人数平均量化，作为分红的依据。

表 5-2　2014 年年底成员账户表

成员姓名：甲　　　　　　　　　　联系地址：　　　　　　　　　　第　1　页

编号	2014 年		摘要	成员出资	公积金份额	形成财产的财政补助资金量化份额	捐赠财产量化份额	交易量		交易额		盈余返还金额	剩余盈余返还金额
	月	日						产品1	产品2	产品1	产品2		
1	1	1	成立	2 000									
2	12	31	年终分配		1 000					10 000		2 700	3 600
年终合计				2 000	1 000							2 700	3 600
				公积金总额：3 000				公积金总额：6 300					

2015 年，甲的个人情况为：

（1）股金（出资额）：2 000 元

（2）合作社提取的盈余公积 =100 000 × 10%=10 000 元

甲享有的盈余公积 =10 000 ×（2 000/20 000）=1 000 元

（3）形成财产的财政补助资金量化金额 =50 000 ÷ 10=5 000 元

（4）合作社可分配盈余应返还给与合作社有交易的成员的金额 =（100 000−10 000）× 60%=54 000 元

甲按交易额返还的可分配盈余金额 =54 000 ×（50 000/200 000）=13 500 元

（5）合作社的剩余盈余返还金额 =（100 000−10 000）× 40%=36 000 元

甲个人账户中记载的出资额和公积金份额，以及本社接受国家财政直接补助和他人捐赠形成资产平均量化到成员的份额占总份额的比例为：

（2 000+1 000+1 000）÷（20 000+5 000+10 000）× 100%=11.428 6%

甲的剩余盈余返还金额 =36 000 × 11.428 6%=4 114.30 元

那么，甲的“2015 年年底成员账户表”填写样式参见表 5-3。

表 5-3　2015 年年底成员账户表

成员姓名：甲　　　　　　　　　　联系地址：

编号	2015 年		摘要	成员出资	公积金份额	形成财产的财政补助资金量化份额	捐赠财产量化份额	交易量		交易额		盈余返还金额	剩余盈余返还金额
	月	日						产品1	产品2	产品1	产品2		
1	1	1	上年转入	2 000	1 000								
2	6	1	财政补助			5 000							
3	12	31	年终分配		1 000					50 000		13 500	4 114.30
年终合计				2 000	2 000	5 000						13 500	4 114.30
				公积金总额：9 000				公积金总额：17 614.30					

三、合作社的会计实务

（一）资产及其核算

合作社的资产分为流动资产、农业资产、对外投资、固定资产和无形资产等。

1. 流动资产

合作社的流动资产包括现金、银行存款、应收款项、存货等。现金、银行存款和应收账款比较容易理解。关于存货，合作社的存货主要包括种子、化肥、燃料、农药、原材料、机械零配件、低值易耗品、农产品、工业产成品、受托代销商品、受托代购商品、委托代销商品和委托加工物资等。

存货按照下列原则计价：

- 购入的物资按照买价加运输费、装卸费等费用、运输途中的合理损耗等计价；
- 受托代购商品视同购入的物资计价；
- 生产入库的农产品和工业产成品，按生产过程中发生的实际支出计价；
- 委托加工物资验收入库时，按照委托加工物资的成本加上实际支付的全部费用计价；

➢ 受托代销商品按合同或协议约定的价格计价，出售受托代销商品时，实际收到的价款大于合同或协议约定价格的差额计入经营收入，实际收到的价款小于合同或协议约定价格的差额计入经营支出；

➢ 委托代销商品按委托代销商品的实际成本计价。

【例 1】某合作社社员张三因公出差时向合作社借款 1 000 元，以现金付讫。

借：应收账款——张三　1 000

　贷：库存现金　　　1 000

　　出差回来报销 1 500 元，剩余款项以现金补足。

借：管理费用　1 500

　贷：应收账款——张三　1 000

　　库存现金　　　500

【例 2】为补充日常使用现金，合作社从银行取回 10 000 元现金。

借：库存现金　10 000

　贷：银行存款　　10 000

【例 3】合作社购买办公桌 1 套，价值 3 000 元，价款以银行存款支付。

借：管理费用——办公费　3 000

　贷：银行存款　　　3 000

【例 4】合作社向社员甲销售一批化肥，价款 5 000 元，产品物资成本为 4 500 元，价款尚未收到。

借：成员往来——甲　5 000

　贷：经营收入　　5 000

同时结转成本：

借：经营支出　4 500

　贷：产品物资　　4 500

收回上述价款时（银行转账）：

借：银行存款　5 000

　贷：成员往来　　5 000

【例 5】合作社向某超市销售苹果一批，成本 10 000 元，售价 15 000 元，货款尚未收到。

借：应收账款——某超市　15 000

　贷：经营收入　　　15 000

同时结转成本：

借：经营支出　　　15 000

　贷：产品物资——苹果　　15 000

超市因经营不善，破产清算时，合作社分到 10 000 元拖欠的苹果款，其余款项经批准核销。

借：银行存款　　　10 000

　　其他支出　　　5 000

　贷：应收账款——某超市　15 000

【例 6】合作社自己生产的一批苹果采摘后入库冷藏，实际生产成本为 10 000 元。

借：产品物资——苹果　10 000

　贷：生产成本　　　10 000

2. 农业资产

合作社的农业资产包括牲畜（禽）资产和林木资产等。

农业资产按下列原则计价：

➢ 购入的农业资产按照购买价及相关税费等计价；

➢ 幼畜及育肥畜的饲养费用、经济林木投产前的培植费用、非经济林木郁闭前的培植费用按实际成本计入相关资产成本；

➢ 产役畜、经济林木投产后，应将其成本扣除预计残值后的部分在其正常生产周期内按直线法分期摊销，预计净残值率按照产役畜、经济林木成本的 5% 确定，已提足折耗但未处理仍继续使用的产役畜、经济林木不再摊销；

➢ 农业资产死亡毁损时，按规定程序批准后，按实际成本扣除应由责任人或者保险公司赔偿的金额后的差额，计入其他收支；

➢ 合作社其他农业资产，可比照牲畜（禽）资产和林木资产的计价原则处理。

【例 7】某合作社年初购买 5 只绵羊，购买成本为 2 500 元，以银行存款转账支付。

借：牲畜资产——幼畜及育肥畜——绵羊 2 500

　贷：银行存款　　　　2 500

绵羊本年发生各项饲养费为 3 000 元，其中，用银行存款直接支付 1 500 元，领用饲料等产品物资 500 元，应付饲养员工资 1 000 元。

借：牲畜资产——幼畜及育肥畜——绵羊 3 000

　贷：银行存款　　　　1 500

　　　产品物资　　　　500

　　　应付工资　　　　1 000

绵羊养大后，应结转为产役畜，实际成本为 5 500 元。

借：牲畜资产——产役畜——绵羊　　5 500

　贷：牲畜资产——幼畜及育肥畜——绵羊　5 500

合作社将绵羊卖给某肉类加工厂，每只绵羊卖 1 500 元，货款以银行存款结算。

借：银行存款　　　　7 500

　贷：经营收入　　　　7 500

同时结转已销绵羊的账面成本：

借：经营支出　　　　5 500

　贷：牲畜资产——产役畜——绵羊　　5 500

3. 对外投资

对外投资是指合作社为通过分配来增加财富或为谋求其他利益而将资产让渡给其他单位所获得的另一项资产。对外投资主要包括货币资金投资、实物资产投资和无形资产投资。

合作社的对外投资按照下列原则计价：

➢ 以现金、银行存款等货币资金方式向其他单位投资的，按照实际支付的款项计价；

➢ 以实物资产（含牲畜和林木）方式向其他单位投资的，按照评估确认或者合同、协议确定的价值计价。

实物资产重估确认价值与其账面净值之间的差额，计入资本公积。

合作社对外投资分得的现金股利或利润、利息等计入投资收益。出售、转让和收回对外投资时，按实际收到的价款与其账面余额的差额，计入投资收益。

【例 8】某合作社以银行存款 10 万元对某企业进行投资，当年获得投资收益 1.5 万元。

借：对外投资　100 000

　贷：银行存款　　100 000

年底获得收益时：

借：银行存款　15 000

　贷：投资收益　　15 000

4. 固定资产

合作社的房屋、建筑物、机器、设备、工具、器具和农业基本建设设施等，凡使用年限在 1 年以上、单位价值在 500 元以上的列为固定资产。有些主要生产工具和设备，单位价值虽低于规定标准，但使用年限在 1 年以上的，也可列为固定资产。

合作社以经营租赁方式租入和以融资租赁方式租出的固定资产，不应列作合作社的固定资产。

合作社应当根据具体情况分别确定固定资产的入账价值：

(1)购入的固定资产，不需要安装的，按实际支付的买价加采购费、包装费、运杂费、保险费和交纳的有关税金等计价；需要安装或改装的，还应加上安装费或改装费。

(2) 新建的房屋及建筑物、农业基本建设设施等固定资产，按竣工验收的决算价计价。

(3)接受捐赠的全新固定资产，应按发票所列金额加上实际发生的运输费、保险费、安装调试费和应支付的相关税金等计价；无所附凭据的，按同类设备的市价加上应支付的相关税费计价。接受捐赠的旧固定资产，按照经过批准的评估价值或双方确认的价值计价。

（4）在原有固定资产基础上进行改造、扩建的，按原有固定资产的价值，加上改造、扩建工程而增加的支出，减去改造、扩建工程中发生的变价收入计价。

（5）投资者投入的固定资产，按照投资各方确认的价值计价。

合作社必须建立固定资产折旧制度，按年或按季、按月提取固定资产折旧。固定资产提足折旧后，不管能否继续使用，均不再提取折旧。提前报废的固定资产，也不再补提折旧。

【例 9】某合作社从事蔬菜种植，自建蔬菜大棚，购买工程材料 30 万元，以银行存款支付。

借：产品物质——建筑材料　300 000

　贷：银行存款　300 000

将工程材料全部投入建设，同时应支付建设劳务费 5 万元，以现金支付工程水电费 5 000 元：

借：在建工程——蔬菜大棚　355 000

　贷：产品物质——建筑材料　300 000

　　应付账款　50 000

　　库存现金　5 000

大棚工程完工后，验收合格后交付使用：

借：固定资产——蔬菜大棚　355 000

　贷：在建工程——蔬菜大棚　355 000

【例 10】某合作社本年应计提固定资产折旧 3 万元，其中生产经营用固定资产折旧 2 万元，管理用固定资产折旧 5 000 元，公益性固定资产折旧 5 000 元。

借：生产成本　20 000

　管理费用　5 000

其他支出　　5 000

贷：累计折旧　　30 000

【例 11】某合作社出售一台大型收割机，原值 20 万元，已提折旧 10 万元，设备出售价款 12 万元，款项存入银行。

将出售设备转入固定资产清理：

借：固定资产清理　　100 000

累计折旧　　100 000

贷：固定资产　　200 000

收到出售价款时：

借：银行存款　　120 000

贷：固定资产清理　　120 000

清理工作结束，结转固定资产清理损益：

借：固定资产清理　　20 000

贷：其他收入　　20 000

5. 无形资产

合作社的无形资产是指合作社长期使用但是没有实物形态的资产，包括专利权、商标权、非专利技术等。无形资产按取得时的实际成本计价，并从使用之日起，按照不超过 10 年的期限平均摊销，计入管理费用。转让无形资产取得的收入，计入其他收入；转让无形资产的成本，计入其他支出。

【例 12】合作社外购一项苹果保鲜技术，花费 10 万元。

借：无形资产　　100 000

贷：银行存款　　100 000

合作社在章程中规定，无形资产按 10 年直线摊销，每年应摊销 1 万元。

借：管理费用　　10 000

贷：无形资产　　10 000

（二）负债及其核算

合作社的负债分为流动负债和长期负债。

流动负债是指偿还期在 1 年以内（含 1 年）的债务，包括短期借款、应付款项、应付工资、应付盈余返还、应付剩余盈余等。

长期负债是指偿还期超过 1 年以上（不含 1 年）的债务，包括长期借款、专项应付款等。

【例 13】某合作社获得信用社贷款 5 万元，贷款期限为 6 个月，贷款年利率为 6%，到期一次性还本付息。

借：银行存款　　50 000

　贷：短期借款——信用社　50 000

到期还本付息时：

借：短期借款——信用社　50 000

　　其他支出——利息支出　1 500

　贷：银行存款　　　51 500

【例 14】合作社向非社员李四购买产品物资 2 万元，产品物资验收入库，款项尚未支付。

借：产品物资　　20 000

　贷：应付账款——李四　　20 000

向李四支付货款时：

借：应付账款——李四　　20 000

　贷：银行存款　　　20 000

【例 15】某合作社 1 月聘请临时工采摘、清洗、包装、入库苹果，计提应付工资报酬 5 000 元。

借：生产成本——苹果　5 000

　贷：应付工资　　　5 000

发放工资时：

借：应付工资　　5 000

贷：库存现金　　5 000

【例 16】合作社年终根据与社员的交易额比例计提分配盈余 2 万元，

借：盈余分配—各项分配——按交易额返还　20 000

贷：应付盈余返还　　20 000

实际支付盈余返还时：

借：应付盈余返还　　20 000

贷：银行存款　　20 000

【例 17】合作社在 2015 年 3 月获得国家财政补助 10 万元。

借：银行存款　　100 000

贷：专项应付款　　100 000

6 月，合作社开展项目培训，支付培训费 10 000 元，由于该项支出未形成资产，直接核销专项应付款。

借：专项应付款　　10 000

贷：银行存款　　10 000

9 月，合作社用财政补助资金购买不需安装的专用设备 1 台，价款 2 万元，货款已付。

借：固定资产　　20 000

贷：银行存款　　20 000

同时结转专项已付款：

借：专项已付款　　20 000

贷：专项基金　　20 000

（三）所有者权益及其核算

合作社的所有者权益包括股金、专项基金、资本公积、盈余公积、未分配盈余等。

合作社对成员入社投入的资产要按有关规定确认和计量。合作社收到成员入社投入的资产，应按双方确认的价值计入相关资产，按享有合作社注册资本的份额计入股金，双方确认的价值与按享有合作社注册资本的份额计算的金额的差额，计入资本公积。

合作社接受国家财政直接补助形成的固定资产、农业资产和无形资产，以及接受他人捐赠、用途不受限制或已按约定使用的资产计入专项基金。

合作社从当年盈余中提取的公积金，计入盈余公积。

【例 18】2014 年，某合作社成立时，收到社员王一入社出资 1 万元，款项已存入银行。

借：银行存款　　10 000

　贷：股金——王一　　10 000

同时，社员王二以仓库折价入社，评估确认价值为 4 万元，但合作社与王二约定股金份额为 3.5 万元。

借：固定资产　　40 000

　贷：股金——王二　　35 000

　　　资本公积——股金溢价　5 000

2015 年年底，社员李四退社。李四成员账户记载出资股金 2 万元，盈余公积 1 000 元。该合作社无亏损，年底亦无未分配盈余。

借：股金——李四　　20 000

　　盈余公积　　1 000

　贷：银行存款　　21 000

【例 19】2015 年，某合作社收到某公司捐赠现金 8 000 元。

借：库存现金　　8 000

　贷：专项基金　　8 000

【例 20】某合作社根据社员大会的决议，从本年盈余中提取盈余公积 5 万元。

借：盈余分配——各项分配——提取盈余公积　50 000

　贷：盈余公积　　50 000

（四）成本、收入、费用和盈余及其核算

合作社的生产成本是指合作社直接组织生产或对非成员提供劳务等活动所发生的各项生产费用和劳务成本。

合作社的经营收入是指合作社为成员提供农业生产资料的购买，农产品的

销售、加工、运输、贮藏以及与农业生产经营有关的技术、信息等服务取得的收入，以及销售合作社自己生产的产品、对非成员提供劳务等取得的收入。

合作社的经营支出是指合作社为成员提供农业生产资料的购买，农产品的销售、加工、运输、贮藏以及与农业生产经营有关的技术、信息等服务发生的实际支出，以及因销售合作社自己生产的产品、对非成员提供劳务等活动发生的实际成本。

管理费用是指合作社管理活动发生的各项支出，包括管理人员的工资、办公费、差旅费、管理用固定资产的折旧、业务招待费、无形资产摊销等。

合作社的本年盈余按如下公式计算：

本年盈余＝经营收益＋其他收入－其他支出

【例21】某合作社生产水稻20亩，投入稻谷种子2 000元，施用化肥3 000元，生产过程田间管理人员工资共5 000元。

投入种子时：

借：生产成本——稻谷　　2 000

　贷：产品物资——稻谷　　2 000

施用化肥时：

借：生产成本——稻谷　　3 000

　贷：产品物资——稻谷　　3 000

计算田间管理人员工资时：

借：生产成本——稻谷　　5 000

　贷：产品物资——稻谷　　5 000

收获稻谷入库时：

借：产品物资——稻谷　　10 000

　贷：生产成本——稻谷　　10 000

【例22】合作社销售稻谷时，总价款1.3万元，总成本1万元。产品发出，货款已转入银行账户。

借：银行存款　　13 000

贷：经营收入——产品物资销售收入　13 000

同时，结转水稻生产成本：

借：经营支出——产品物资销售成本 10 000

贷：产品物资——稻谷　　　　10 000

【例 23】某合作社用现金支付办公费 2 000 元，计算应付管理人员工资 5 000 元，集体管理用固定资产折旧 3 000 元。

借：管理费用　　　　　10 000

贷：库存现金　　　　　2 000

应付工资　　　　　5 000

累计折旧　　　　　3 000

年底将管理费用结转“本年盈余”账户。

借：本年盈余　　　　　　10 000

贷：管理费用　　　　　　10 000

【例24】某合作社盈余核算采用“表结法”，年末结转“本年盈余”账户前，各损益账户余额如下：“经营收入”贷方余额 10 万元，“投资收益”贷方余额 1 万元，“其他收入”贷方余额 1.5 万元，“经营支出”借方余额 7 万元，“管理费用”借方余额 2 万元，“其他支出”借方余额 1 万元。

将各项收入结转“本年盈余”账户：

借：经营收入　100 000

投资收益　10 000

其他收入　15 000

贷：本年盈余　　125 000

将各项费用结转“本年盈余”账户：

借：本年盈余　100 000

贷：经营支出　　70 000

管理费用　　20 000

其他支出　　10 000

在“本年盈余”账户中计算本年盈余，账户贷方余额为 2.5 万元，即本年盈余 2.5 万元。“本年盈余”账户余额在年末应结转“盈余分配——未分配盈余”账户，结转后“本年盈余”账户无余额。

借：本年盈余　　　　25 000

贷：盈余分配——未分配盈余 25 000

四、合作社的盈余分配

合作社经营所产生的剩余称之为盈余。它反映合作社在一段时期内经营管理的成果。《农民专业合作社法》第三十七条规定，在弥补亏损、提取公积金后的当年盈余，为农民专业合作社的可分配盈余。

（一）盈余分配的顺序

合作社的盈余分配要按照一定顺序进行：

（1）弥补上年亏损。如果合作社在往年的经营中存在亏损，合作社需要用本年度利润弥补上年亏损额。

（2）提取盈余公积。根据合作社章程规定或社员大会决议，从盈余中按比例提取盈余公积。盈余公积用于发展生产、转增资本，或用于弥补亏损。

（3）盈余返还。合作社在弥补亏损、提取盈余公积后，剩余的盈余应按社员与本社交易量（额）比例返还给社员，返还给社员的盈余总额不得低于可分配盈余的60%，具体返还办法按照合作社章程规定或者经社员大会决议确定。

（4）剩余盈余分配。按交易量（额）比例返还盈余并非盈余返还的唯一途径。根据《农民专业合作社法》第三十七条第二款规定，合作社可以按成员账户中记载的出资额和公积金份额，以及本社接受国家财政直接补助和他人捐赠形成的财产平均量化到成员的份额，按比例分配给本社成员。

（5）未分配盈余处理办法。通常情况下，合作社当年实现的盈余应当全部分配，但经社员大会决议，确需留一部分盈余不分配，可结转到下一年度。

（二）盈余分配应注意的问题

在实际操作中，合作社盈余分配应注意一些问题：①在分配顺序上，可分配盈余应严格按照先按交易量（额）的份额返还，后按其他方式返还。②在分配比例上，遵循按社员与本社交易量（额）比例返还的盈余总额不得低于可分配盈余的60%。③股金分红不能代替按交易量（额）的份额返还。有些利益联结松散型合作社通常以高出市场价的优惠价给社员结算农产品，合作社的可分配盈余不再对非入股社员进行二次返还，而是在入股社员之间进行按出资额比例进行分配。这是不符合合作社的分配原则的。

单元六 农民合作社的发展

内容提示

当合作社发展到一定程度后，可能会遇到各种各样的现实问题，有时会产生跟其他合作社联合组建合作社联合社的想法，或者跟附近同行业合作社进行合并，那么，组建联合社或者进行合并时需要注意哪些事项呢？应当走些什么程序呢？如果合作社发展得非常顺利，需要一分为二甚至分为更多分社，设立分社又该怎么操作呢？一旦合作社经营不善或者其他原因需要解散或者破产，合作社的资产、债权、债务需要怎样处理呢？通过本单元的阅读，相信你能从中找到满意的答案。

一、合作社的联合——联合社

（一）什么是合作社联合社

如果你已经组建了一家专业合作社，可能在专业合作社的生产经营过程中会遇到一些问题，例如，你的专业合作社是生产葡萄的，但与你有着多年合作关系的客户除了向你购买葡萄之外，还想购买西瓜、橘子等其他水果，而你附近的几个专业合作社正好就是生产西瓜和橘子的。这时候，你会怎么考虑？

你是向附近的西瓜合作社、橘子合作社介绍这位优质客户？如果是介绍，是免费的还是收取一定的介绍费？或者干脆就说不知道附近有没有靠谱的西瓜合作社和橘子合作社？

其实，你还可以有别的选择，那就是跟附近的西瓜合作社、橘子合作社、苹果合作社等多种水果类型的专业合作社联合起来，共同组建一家水果专业合作社联合社。通过水果专业合作社联合社统筹协调各类水果的生产和销售，客户要哪种水果，联合社都能提供。同时，联合社还可以打造成为一个大品牌的水果供应商，大树底下好乘凉，以联合社这个庞然大物闯市场可以获得更多市场优势，“大树”底下的专业合作社也就能跟着获得更多收益，实现多方共赢，何乐而不为呢？

说到这里，你大概能猜到合作社联合社究竟是什么了吧！

所谓合作社联合社，顾名思义，就是由2个及以上合作社联合起来的组织。这个组织可以是以产品为纽带，例如张村的水稻专业合作社和李村的水稻专业合作社联合起来组建成为水稻专业合作社联合社，也可以是以产业为纽带，例如上面提到的水果专业合作社联合社。

合作社联合社一定是要专业合作社为成员吗？

其实也不尽然，这要看各地的政策文件规定了，因为现在还没有全国层面的合作社联合社指导意见。有的地方要求合作社联合社的成员是专业合作社，有的地方允许相关的企业、社会团体加入合作社联合社，有的地方也允许专业大户以自然人的身份加入合作社联合社。

合作社联合社与我们常见的联合会有哪些区别？

最明显的就是看在哪里登记的、登记成什么性质的。联合会是在民政部门登记的社团组织，不具有独立的法人资格；合作社联合社是在工商行政管理部门注册登记，具有独立的法人资格。

（二）成立合作社联合社有什么好处

合作社联合社可以解决单一专业合作社发展规模小、经营实力弱、市场竞争力有限等问题。

合作社联合社主要以专业合作社成员为服务对象，提供农业生产资料的联合购买，统筹农产品的销售、加工、运输、贮藏以及与农业生产经营相关的技术、信息等服务，指导专业合作社开展同类产品的标准化生产和品牌化经营，实现更大范围上的科技推广、社员培训、信息沟通、经验交流等。

总而言之，合作社联合社就是可以在更高、更广的层面上进行农业生产经营的合作。

具体来说，合作社联合社带来的好处至少有以下3个方面：

（1）进一步扩大规模，发挥规模优势。在农业生产资料的购买和农产品的销售上，可以更好地实现大规模购销，节约交易成本和费用，争得交易价格上的优惠，争取对外谈判的主动，让社员获得更多的经济实惠，其经营规模和效益是一般的专业合作社难以企及的。

（2）避免同质专业合作社发生恶性竞争。联合社克服合作社难以适应大市场的矛盾在一些地区和一些产业的问题，携手联合，实现二次合作，有效避免恶性竞争。

（3）为拓展服务功能创造了可能。联合社可以解决单个合作社因势单力薄难解决的问题，满足社员对服务的多样化需求。例如扩大农产品销售，实现产品直销功能；兴办农产品加工项目，实现加工增值功能；开展信用合作，实现资金互助功能等。这些功能只靠一个专业合作社去提供可能是能力不足或者不划算的，需要联合社去提供。

山东省滕州市农民为何成立“合作社的合作社”

2015年6月5日，山东小麦正式开镰收获。记者在产粮大县山东省滕州市采访时，发现一些农民成立了“合作社的合作社”——滕州市富原万亩粮食种植专业合作联合社。农民们这么做，到底有哪些好处呢？

“最直接的好处就是农资购买价格低了，比过去至少便宜了一成。过去我的合作社种300亩地，肥料需要从镇上经销商那里购买，现在我们联合社一共种了1万多亩地，由于肥料需求量很大，厂家愿意直接给我们配送，省去了中间环节，价格自然便宜了许多。”站在丰收在望的麦田边，联合社成员、丰裕种植专业合作社理事长刘西安向记者细数了“合作社的合作社”给大伙儿带来的甜头。

不过，在滕州市瑞丰农机专业合作社理事蒋继生看来，“合作社的合作社”最大的好处是实现了优势互补，取得了“一加一大于二”的效果。“比如我这个农机合作社，过去几十台大型农机根本‘吃不饱’，大部分时间都闲置在仓库里。现在有了联合社，经营土地面积1万多亩，不仅我的农机有了更大的用武之地，而且联合社成员单位也能以更便宜的价格享受农机服务，大家都得到了好处。”蒋继生说。

滕州市富原万亩粮食种植专业合作联合社理事长宋致帅说，成立联合社还实现了信息共享。比如他们建立了“新型职业农民俱乐部”微信群，这个群里不仅有联合社的所有成员单位，还有滕州市农业局和乡镇上的农业技术专家，可以随时随地交流和学习最新的国家政策、市场行情、农业技术等重要信息，种地不再是“只低头拉车，不抬头看路”了。

据了解，2014 年 1 月，由滕州市瑞丰农机专业合作社、新岗植保专业合作社、富原粮食种植专业合作社等 7 家合作社创立了滕州市富原万亩粮食种植专业合作联合社。农民说到的“合作社的合作社”，就是多个农业合作社进行再联合、再合作而成立的联合社。目前，联合社经营面积涵盖了 16 个村的 1.36 万亩土地，预计年产粮食 1.4 万吨。

“成立了联合社之后，我们的经营势头非常好，预计今年纯收入将突破 400 万元，远远出乎我们的意料。”宋致帅说。

（来源：新华网新闻，2015 年 6 月 5 日）

（三）怎样成立合作社联合社

1. 合作社联合社的主要类型

根据组建合作社联合社中各专业合作社的不同行业、地域、组建目的，主要可分为 3 种类型：

（1）同业型农民专业合作社联合社，是指同行业的专业合作社联合组建的联合社。

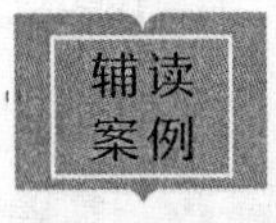

江苏民星蚕业专业合作社联合社由东台市民星蚕业专业合作社联合南京、南通、徐州、苏州、盐城、连云港等地的 26 家蚕业专业合作社和 16 家龙头加工企业共同组建而成，总规模达到江苏蚕业的 1/3。

（2）同域型农民专业合作社联合社，是指同地区的不同行业的专业合作社自愿组建的联合社。

湖北鑫顺天农民专业合作联合社是由樊城区鑫顺天蔬菜基地投资组建的，包括襄阳卧龙山药、南漳县东巩镇益生香菇、襄阳市硒山养鸡、襄州区驿寨蔬菜等5家专业合作社，经营活动涉及种植业、加工业等领域，目前已吸纳社员1.2万户。

联合社主要从事与涉农产业相关的生产、收购、初加工、销售等业务；开展成员所需的贮藏、包装等服务；引进新技术、新品种，开展成员技术培训、技术交流和咨询服务；为成员提供市场信息，指导成员合理组织生产和运营；为成员依法开展资金互助等业务服务。

这一案例是湖北省内不同行业专业合作社的联合。

（3）同项型农民专业合作社联合社，是指同地区不同行业的合作社为开展某项服务活动组建的联合社。

寿光市鑫盟果蔬专业合作社联合社位于寿光市侯镇崔家村，成立于2011年6月28日，注册资金2 751万元，以寿光市金百果品专业合作社（2009年成立）为主体。吸引5家外地市合作社、3家外县市区合作社、4家外乡镇（街办）合作社及侯镇19家果蔬专业合作社共31家合作社，是山东省唯一一家跨地区联合、合作社数量最多、社员人数最多、种植种类最全的联合社。联合社中有葡萄合作社17个，建有葡萄园区28个，面积2 460亩，年产葡萄0.75万吨；苹果合作社5个，面积7 600亩，年产苹果2.3万吨；蔬菜合作社9个，面积3 200亩，年产黄瓜、番茄、丝瓜、茄子、五彩椒、小黄瓜等3万吨。

联合社以社员为主要服务对象，从品种优选、肥料选择、农药使用、产品上市和抽检等方面入手，为社员统一采购、供应成员所需的农业生产资料，统一提供苗种，统一提供与果蔬种植有关的技术培训、交流和信息咨询服务，统一组织收购、销售成员种植的果品蔬菜等产前、产中、产后一系列服务，确保生产出优质、安全卫生和符合市场要求的绿色产品。

该联合社已注册商标“圣翔”。

在这一案例中，各家专业合作社为了共同的生产经营目的联合起来，最为突出的就是共同使用“圣翔”品牌销售不同的产品。

2. 合作社联合社如何办理注册登记

目前，合作社联合社是参照《农民专业合作社法》《农民专业合作社登记管理条例》，办理农民专业合作社法人登记，领取“农民专业合作社法人营业执照”，由其住所地的县（市、区）工商行政管理机关负责登记管辖。

目前，国内还没有对成立合作社联合社应当具备的条件做出全国性的指导文件或规定。

一些省市对合作社联合社的申请条件规定如下：

（1）有 2 名以上从事农产品生产经营加工、服务的成员发起成立，其中合作社成员至少占成员总数的 80%。成员总数在 20 名以下的，可以有 1 个企业、事业单位或社会团体成员；成员总数超过 20 名的，企业、事业单位或社会团体成员不超过成员总数的 5%。合作社联合社中的成员需在工商部门登记取得农民合作社法人营业执照 1 年以上，且已实际开展业务。

（2）有符合规定的联合社名称和章程确定的住所。名称应当核定为“专业合作社联合社”。

（3）有章程规定的组织机构，按章程规定选举出联合社的负责人。联合社的负责人一般是从专业合作社的理事长中选举产生，但也有例外。

（4）有符合法律、法规和产业政策规定的业务范围。

（5）有符合章程规定的全体成员签名并盖章的出资清单。

关于合作社联合社注册登记时需要提交的材料，各类申请表参照农民专业合作社提交的注册登记材料，只是成员身份由农民变成了专业合作社。在此不再详细说明。

由于各地对合作社联合社的登记管理办法存在差别，我们列举浙江省的做法，供参考。

浙江省农民专业合作社联合社登记管理暂行办法

第一条　为加快发展现代农业，引导农民专业合作社以产品和产业为纽带开展合作与联合，规范农民专业合作社联合社登记行为，依据《农民专业合作社法》《农民专业合作社登记管理条例》《浙江省人民政府关于促进农民专业合作社提升发展的意见》和《浙江省人民政府办公厅关于大力培育新型农业经营主体的意见》，制定本办法。

第二条　农民专业合作社联合社的设立、变更和注销，应当依据本办法办理登记。

申请办理农民专业合作社联合社登记，申请人应当对申请材料的真实性负责。

第三条　农民专业合作社联合社经登记机关依法登记，领取《农民专业合作社法人营业执照》，取得法人资格。未经登记，不得以农民专业合作社联合社名义从事经营活动。

第四条　工商行政管理部门是农民专业合作社联合社的登记机关。

农民专业合作社联合社由其住所所在地的县（市、区）工商行政管理部门登记。

第五条　设立农民专业合作社联合社应当遵循下列原则：

（一）成员为农民专业合作社以及从事与联合社业务直接有关的生产经营活动的企业、事业单位或者社会团体；

（二）以服务成员为宗旨，谋求全体成员的共同利益；

（三）入社自愿，退社自由；

（四）成员地位平等，实行民主管理。

第六条　设立农民专业合作社联合社，应当具备下列条件：

（一）至少有5个成立1年以上的成员。成员中有市级以上规范化合作社的，成员总数可以放宽到3个；成员总数在20个以下的，可以有1个与联合社业务直接有关的企业、事业单位和社会团体。成员总数超过20个的，企业、事业单位和社会团体成员不得超过成员总数的 5%。具有管理公共事务职能的单位不得成为成员；

（二）有成员共同制定的章程；

（三）有符合法律、法规和本意见规定的名称；

（四）有符合法律、法规规定的组织机构；

（五）有符合法律、法规和政策规定的住所和经营范围；

（六）有符合章程规定的成员出资。出资总额 50 万元以上（不含本数）的，由会计师事务所出具验资报告。

第七条　农民专业合作社联合社的名称依次由行政区划、商号、行业和组织形式四部分组成。

名称中的行政区划一般使用县级行政区划名称。农民专业合作社联合社符合《企业名称使用“浙江”字样管理办法》第四条规定条件的，可以申请使用省级行政区划名称。各设区的市工商行政管理部门可以规定农民专业合作社联合社使用市级行政区划名称的条件。

名称中的组织形式应当核定为“专业合作社联合社”。

第八条　农民专业合作社联合社的业务范围参照《农民专业合作社登记管理条例》第九条的规定核定。

业务范围中属于法律、行政法规和国务院决定规定在登记前须经批准的项目，应当依法批准，凭相关许可证件办理登记手续。

第九条　农民专业合作社联合社的经济性质核定为“农民专业合作社”。

第十条　农民专业合作联合社成员发生变更后，总数少于法定条件的，应当自事由发生之日起 6 个月内吸收新成员，使成员总数达到规定要求。

第十一条　农民专业合作社联合社的登记程序、申请材料等，参照《农民专业合作社法》《农民专业合作社登记管理条例》及国家工商行政管理总局的相关规定执行。

第十二条　农民专业合作社联合社由住所所在地的县（市、区）工商行政管理部门、农业行政主管部门参照《农民专业合作社登记管理条例》等规定进行监督管理。

第十三条　农民专业合作社联合社在省内设立分支机构的，应当参照《农民专业合作社登记管理条例》的规定，向分支机构所在地的登记机关申请登记。

第十四条　农民专业合作社联合社可以参照农民专业合作社，享受相应的扶持和优惠政策。

第十五条　本办法未尽事项，参照《农民专业合作社法》《农民专业合作社登记管理条例》执行。

第十六条　本办法自印发之日起施行。

2013年7月19日

二、合作社的合并和分立

（一）合作社的合并

1. 为什么要合并合作社

所谓合作社的合并，是指2个或者2个以上的合作社通过订立合并协议，依照法定程序合并为一个合作社的法律行为。

合作社为什么需要合并呢？

目前，很多合作社面临一些非常现实的问题，例如规模小、资金不足、技术落后、技术服务少、信息渠道窄、销售渠道单一等，这些阻碍了合作社进一步发展。为了消除这些障碍，政府鼓励合作社加强联合和合作，解决规模和协作遇到的难题。一般来说，同一区域或邻近区域内相同行业的合作社的合并较为普遍。

2. 合作社合并的方式

合作社的合并，必须以合并各方的合作社及其成员有自愿的合并需求为前提。

合作社的合并，主要有两种方式：

（1）吸收合并，即一个合作社把一个或一个以上其他合作社吸收过来的合并行为。采取吸收合并方式的，吸收方存续，应当在合并完成后到工商行政管理部门办理变更登记手续，继续享有法人资格的地位；被吸收方成为吸收方的一个组成部分，要解散并取消法人资格，须到工商行政管理部门办理注销手续。

例如，某乡镇的甲合作社和乙合作社进行合并，甲合作社加入到乙合作社。那么，甲合作社解散，须到工商行政管理部门办理注销手续；乙继续存在，但也要到工商行政管理部门办理变更登记手续。

（2）新设合并，即2个或者2个以上合作社重新组建成一个新的具有法人资格的合作社。采取新设合并方式的，合并各方均须解散和取消法人资格，到工商行政管理部门办理注销手续；新设立的合作社重新走农民合作社设立登记程序，到工商行政管理部门办理设立登记手续，取得法人资格。

需要注意的是，新设立的合作社须具备合作社设立的基本条件。

例如，某乡镇的甲合作社和乙合作社合并成为新的丙合作社，那么，甲合作社和乙合作社都要解散和取消法人资格，到工商行政管理部门办理注销手续；新设立的丙合作社到工商行政管理部门办理设立登记手续。

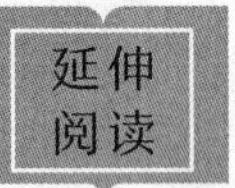

合作社的合并与设立合作社联合社的区别

合作社的合并必然会有1个以上合作社要解散和取消法人资格，也就是说，被合并的合作社需要解散。合作社联合组建合作社联合社后，联合社是一个新的法人，但各个专业合作社成员的法人地位依然存续，并且经济核算通常也是各自独立核算的。

3. 合作社合并的程序

合作社的合并涉及合并各方的债权债务利益，应当依法进行。

（1）做出合并决议。依据《农民专业合作社法》的规定，合作社合并决议由合作社社员大会做出。合作社召开关于合作社合并的社员大会，出席人数应当达到社员总数的2/3以上。社员大会形成合并的决议，应当由本社2/3以上社员表决同意才能通过。社员大会或者社员代表大会还要授权合作社的法定代表人签订合并协议。

（2）通知债权人。合作社应当自做出合并决议之日起10日内通知债权人。

（3）签订合并协议。合作社合并协议是两个或者两个以上的合作社，就有关合并的事项达成一致意见的书面表示形式，各方合作社签名、盖章后，就产生法律效力。

（4）合并登记。因合并而存续的合作社，保留法人资格，但应当办理变更登记；因合并而被吸收的合作社，应当办理注销登记，法人资格随之注销；因合并而新设立的合作社，应当办理设立登记，取得法人资格。

4. 合作社合并的账务处理

《农民专业合作社法》规定，合并各方的债权、债务应当由合并后存续或者新设的组织承继。

（1）被合并方合作社的账务处理

1）做好合并前的资产债权债务清查。被合并合作社应对本社的固定资产、流动资产、无形资产、长期投资以及其他资产进行全面清查登记，同时对各项债权债务进行全面核对查实。

2）编制账面财产清单。合作社对资产、债权、债务全面清查核实后，应当编制财产清单、债权清单和债务清单。

3）向合并方合作社移交账面财产清单。

（2）合并方合作社的账务处理

1）编制从合并中取得的资产和负债。

2）合并中发生的各项费用计入当期损益。

3）新设合并的合作社需要重新设立新账。

4）设立备查簿，记录合并中取得的各项可辨认资产和负债。

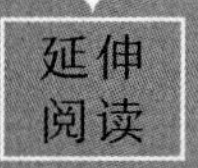

四川省崇州市：两家土地股份合作社的成功合并

青桥种植专业合作社的前身是青桥土地股份合作社和桥贵土地股份合作社。

2011 年 6 月，桥贵土地股份合作社工商注册成立，办公场所设在原合村前的明水村村委会。2012 年 6 月，青桥土地股份合作社在工商部门正式注册成立。成立之初，合作社规模不大，耕地面积只有 100 亩左右。当年，青桥村及附近几个村的农民以村民小组为单位组建了 10 个“土地股份合作社”。2013 年，这些“土地股份合作社”进行了整合，先后并入青桥土地股份合作社和桥贵土地股份合作社。2014年，为了提高合作社的竞争力，青桥土地股份合作社和桥贵土地股份合作社合并为青桥种植专业合作社。合并成立之后，重新选举产生了成员（代表）大会、理事会和监事会，财务账目也同步进行了合并。

（来源：笔者调研）

（二）合作社的分立

1. 合作社为什么要分立

所谓合作社分立，是指一个合作社依法分成2个或者2个以上的合作社的法律行为。

在一些地方，合作社发展得比较好，规模已经超出了最佳的规模，社员人数太多，涉及的服务类型也很多，面临着提供服务和利用设施的效率下降的问题，特别是在跨区域设立的合作社中，随着业务范围的扩大，合作社要兼顾各类服务就出现了比较费劲的现象，也就是“样样兼顾反而不划算”。这时候，合作社就会根据地理区域拆分为几个合作社，或者根据服务内容拆分合作社。例如将原来的合作社分立为农机服务合作社、种植专业合作社、生产资料供应合作社等。

2. 合作社分立的方式

合作社分立的方式主要有新设分立和派生分立两种。

（1）新设分立，又称创设分立，是指将一个合作社依法分割成2个或者2个以上新的合作社。按照这种方式分立合作社，原合作社应当依法办理注销登记，取消其法人资格；分立后新设的合作社应当依法办理设立登记，取得法人资格。

（2）派生分立，是指原合作社存续，但对其财产做相应分割，另外成立一个新的合作社。原合作社的社员人数、注册资本、经营规模等都会发生变化，应当依法办理变更登记；派生的新合作社应当依法办理设立登记。

3. 合作社分立的程序

合作社分立的程序一般包括以下几点：

（1）拟订分立方案。分立方案的内容包括：分立方式、分立后原合作社的地位、分立后章程、管理人员及固定人员工作安排、财产分割方案、分立协议分立各方对拟分立合作社债权债务的承继方案等。

（2）社员大会根据《农民专业合作社法》的规定做出分立决议。

（3）签订分立协议。

（4）通知债权人。

（5）进行财产分割，包括债权、债务的分割。

（6）办理分立合作社登记手续。

（7）档案保管。分立前的档案由存续的合作社继续保管。

4. 合作社分立的账务处理

《农民专业合作社法》第四十条规定，农民专业合作社分立，其财产应做相应的分割，并应当自分立决议做出之日起10日内通知债权人。分立前的债务由分立后的组织承担连带责任。但是，在分立前与债权人就债务清偿达成的书面协议另有约定的除外。

合作社分立前债务的承担有以下两种方式：

（1）按约定办理。债权人与分立的合作社就债权清偿问题达成书面协议的，按照协议办理。

（2）承担连带责任。合作社分立前未与债权人就清偿债务问题达成书面协议的，分立后的合作社承担连带责任。债权人可以向分立后的任何一方请求自己的债权，要求履行债务。被请求的一方不得以各种非法定的理由拒绝履行偿还义务。否则，债权人有权依照法定程序向人民法院起诉。

福建省南平市俱丰果蔬专业合作社严墩分社成立

福建省南平市俱丰果蔬专业合作社于2007年1月正式成立，现有团体成员6家，个体成员216人，2014年经营收入2 768.4万元。随着经营规模的扩大，2015年8月3日，南平市俱丰果蔬专业合作社在潭城街道严墩村召开了严墩分社成立大会。严墩分社在其指导下成立，目前有个体成员104人，主要经营荸荠、葡萄、时令果蔬，面积500亩。通过采取“合作社+农户”的模式，大力发展特色产业种植，结合“一村一品”特色，实现产业化运作发展，实行技术、标准、品牌、经营、销售五个统一，为农民提供产前、产中、产后全程优质服务，实现了分散经营向规模经营转变。2014年，严墩村全村人均收入达11 600多元，今年预计可达13 000多元，真正实现了“生态美”与“百姓富”的和谐统一。

（来源：建阳新闻网，2015年8月11日）

三、合作社的解散、破产和清算

（一）合作社的解散

1. 何谓合作社解散

所谓合作社解散，是指合作社因发生法律规定的解散事由而停止业务活动，最终使法人资格注销的法律行为。

合作社一经解散，就不能再以合作社的名义从事经营活动，并应当进行清算。

合作社清算完结，它的法人资格随之注销。

合作社的解散并不等同于终止

合作社解散以后，应当进行清算。只有当合作社完成解散、清算等法律程序，经合作社社员大会或者人民法院确认，并到工商行政管理部门申请注销登记后，合作社才终止。

2. 合作社解散的方式

合作社解散分为自行解散和强制解散两种情况。

（1）自行解散，也称自愿解散，是指依合作社章程或成员大会决议而解散。

这种解散是合作社社员意愿的体现，与外部因素无关，由社员决定解散或不解散。

（2）强制解散，是指因政府有关机关的决定或法院判决而发生的解散。强制解散不需要经过社员决议。

3. 合作社解散的原因

根据《农民专业合作社法》第四十一条的规定，合作社解散的原因有 4 种情形：

（1）章程规定的解散事由出现。解散事由是合作社章程的必要记载事项，合作社的设立大会在制定合作社章程时，可以预先约定合作社的各种解散事由，如合作社完成特定业务活动等。

当解散事由出现时，社员大会或社员代表大会可以决议解散合作社。如果此时不想解散，可以通过修改章程的办法，使合作社存续。

（2）成员大会决议解散。社员大会是合作社的权力机构，它有权对合作社的解散事项做出决议。《农民专业合作社法》第二十三条规定，农民专业合作社召开社员大会，做出解散的决议应当由本社社员表决权总数的 2/3 以上通过。章程对表决权数有较高规定的，从其规定。社员大会决议解散合作社，不受合作社章程规定的解散事由的约束，可以在合作社章程规定的解散事由出现前，根据社员的意愿决议解散合作社。

（3）因合并或者分立需要解散。当合作社吸收合并时，吸收方存续，被吸收方解散。

当合作社新设合并时，合并各方均解散。

合作社分立时，如果原合作社分立后不再存在，原合作社应解散。

（4）依法被吊销营业执照或者被撤销。

4. 合作社解散的程序

合作社解散的程序一般有以下 4 步：

（1）做出解散决议。合作社召开社员大会，出席人数应当占社员总数的 2/3 以上，社员大会做出解散的决议应当由本社社员表决权总数的 2/3 以上通过。

（2）通知债权人。合作社应当在做出解散决议之日起 10 日内通知债权人。

（3）签订解散决议。

（4）进行解散清算。

（5）注销登记。

5. 合作社解散时的清算

《中华人民共和国民法通则》第四十条规定，法人终止，应当依法进行清算，停止清算范围外的活动。合作社解散后，须依照法定程序清理合作社债权债务，处理合作社剩余财产。

合作社解散清算工作的程序是：

（1）成立清算组。因章程规定的解散事由出现、社员大会决议解散或者依法被吊销营业执照、被撤销等原因解散的，应当在解散事由出现之日起 15 日内由社员大会推举成员组成清算组，开始解散清算。逾期不能组成清算组的，社员、债权人可以向人民法院申请指定成员组成清算组进行清算，人民法院应当受理该申请，并及时指定成员组成清算组进行清算。

（2）通知、公告合作社成员和债权人。合作社在解散清算时，由清算组通知本社社员和债权人有关情况，通知公告债权人在法定期间内申报自己的债权。

清算组通知、公告合作社社员和债权人的期限和方式是：

1）清算组应当自成立之日起 10 日内通知本社社员和明确知道的债权人；

2）对于不明确的债权人或者不知道具体地址和其他联系方式的，清算组应自成立之日起 60 日内在报纸上公告，催促债权人申报债权。

但如果在规定的期间内全部社员、债权人均已收到通知，则免除清算组的公告义务。

债权人应在规定的期间内向清算组申报债权。

1）收到通知书的债权人应自收到通知书之日起 30 日内，向清算组申报债权；

2）未收到通知书的债权人应自公告之日起 45 日内，向清算组申报债权。

债权人申报债权时，应明确提出其债权内容、数额、债权成立的时间、地点、有无担保等事项，并提供相关证明材料，清算组对债权人提出的债权申报应当核对查实并登记。

在债权人申报债权期间，清算组不能对债权人进行清偿，如果清算组在此期间对已经明确的债权人进行清偿，有可能造成后申报债权的债权人不能得到清偿，这是对其他债权人权利的严重侵害。

（3）制订清算方案。清算方案是由清算组制订的、如何清偿债务、如何分配合作社剩余财产的一整套计划。清算组在清理合作社财产，编制资产负债表和财产清单后，应尽快制订详细的清算方案。

清算组制订出清算方案后，应报社员大会通过或者人民法院确认。

（4）实施清算方案。合作社解散清偿顺序如下：

1）支付清算费用；

2）清偿员工工资及社会保险费用；

3）清偿所欠税款和其他各项债务；

4）清偿解散前与农民社员已发生交易但尚未结清的款项；

5）向社员分配剩余财产。

（5）办理注销登记。清算结束后，清算组应当提交清算报告并编制清算期内收支报表，报送主管部门，办理完合作社注销登记。清算组的职权终止，清算组即行解散，不得再以合作社清算组的名义进行活动。

广东省高州市盈丰蔬菜专业合作社注销公告

高州市盈丰蔬菜专业合作社公司（注册号：440981NA000265××），现向高州市工商行政管理局申请注销，请与本公司业务有关债权、债务的有关单位及个人，自登报之日起45日内到本公司清算组登记核实。

联系人：　　　　　　　　　　　　联系电话：

特此公告

高州市盈丰蔬菜专业合作社

×年×月×日

合作社因章程规定事由解散，或者人民法院受理破产申请时，不能办理社员退社手续。

清算组发现农民合作社的财产不足以清偿债务的，应当依法向人民法院申请破产。

农民合作社接受国家财政直接补助形成的财产，在解散清算时，不得作为可分配剩余资产分配给成员，处置办法由国务院规定。

（二）合作社的破产

1. 合作社在什么情况下申请破产

合作社不能清偿到期债务时，为保护债权人的利益，依法定程序申请破产。

合作社解散清算组发现合作社的财产不足以清偿债务时，应当依法向人民法院申请合作社破产。

合作社不能自行宣告破产，债权人也无权宣告合作社破产。

债权人可以向人民法院申请宣告资不抵债的合作社破产还债。

人民法院对合作社的情况进行审查，裁定宣告合作社破产后，合作社进入破产程序。

合作社破产适用企业破产法的有关规定。

2. 合作社破产时的清算

合作社破产清算工作的程序如下：

（1）由债权人或合作社向人民法院申请合作社破产。

（2）人民法院受理合作社破产后，对合作社的其他民事执行程序、财产保全程序必须终止，及时通知合作社的开户银行停止办理合作社的结算业务。

（3）人民法院宣告合作社进入破产程序后，在10日内通知合作社的已知债权人，并发出公告。债权人在收到通知后30日内向法院申报债权；未收到通知的债权人应当自公告之日起3个月内向法院申报债权。逾期未申报债权的视为自动放弃债权。

（4）成立破产清算组，负责合作社财产的保管、清理、估价、处理和分配。

（5）实施破产清算。破产清偿顺序是：①支付破产费用和共益债务；②清偿破产前与农民社员已发生交易但尚未结清的款项；③清偿员工工资及社会保险费用；④清偿所欠税款和其他各项债务后。

（6）办理注销登记。破产程序终结后，清算组向合作社登记机关办理注销登记。

单元七 农民合作社享受的扶持政策

内容提示

如果你正打算兴办或者已经兴办了合作社，你知道合作社可以享受哪些政策扶持吗？中央和地方政府都对合作社的发展出台了许多扶持政策，包括财政、金融、税收等多项优惠政策，这些政策对你经营合作社产生直接或间接的帮助。另外，合作社还可以申请到农业部、财政部和省、市、县级的多种类型扶持项目，这些你又提前了解了吗？

我国的农民合作社起步较晚，还处于初级发展阶段，各地的农民合作社发展也很不平衡，多数农民合作社都是“小、散、弱、单”，缺少资金和技术，在生产、加工、仓储、运输、销售等各个环节还存在着很多困难。因此，国家和地方政府出台了多样化的政策扶持措施，以促进合作社健康发展。

一、政府扶持农民合作社发展的政策措施

（一）2004 ~ 2016 年中央 1 号文件对合作社发展的安排

1.2004 年中央 1 号文件

《中共中央、国务院关于促进农民增加收入若干政策的意见》指出，“从2004年起，中央和地方要安排专门资金，支持农民专业合作组织开展信息、技术、培训、质量标准与认证、市场营销等服务。有关金融机构支持农民专业合作组织建设标准化生产基地、兴办仓储设施和加工企业、购置农产品运销设备，财政可适当给予贴息”。

2.2005 年中央 1 号文件

《中共中央、国务院关于进一步加强农村工作提高农业综合生产能力若干政策的意见》指出，“支持农民专业合作组织发展，对专业合作组织及其所办加工、流通实体适当减免有关税费”。

3.2006 年中央 1 号文件

《中共中央、国务院关于推进社会主义新农村建设的若干意见》指出，“积极引导和支持农民发展各类专业合作经济组织，加快立法进程，加大扶持力度，建立有利于农民合作经济组织发展的信贷、财税和登记等制度”。

4.2007 年中央 1 号文件

《中共中央、国务院关于积极发展现代农业扎实推进社会主义新农村建设的若干意见》指出，“积极发展种养专业大户、农民专业合作组织、龙头企业和集体经济组织等各类适应现代农业发展要求的经营主体”。

“大力发展农民专业合作组织。认真贯彻农民专业合作社法，支持农民专业合作组织加快发展。各地要加快制定推动农民专业合作社发展的实施细则，有关部门要抓紧出台具体登记办法、财务会计制度和配套支持措施。要采取有利于农民专业合作组织发展的税收和金融政策，增大农民专业合作社建设示范项目资金规模，着力支持农民专业合作组织开展市场营销、信息服务、技术培训、农产品加工储藏和农资采购经营”。

5.2008 年中央 1 号文件

《中共中央、国务院关于切实加强农业基础建设进一步促进农业发展农民增收的若干意见》指出，“各级财政要继续加大对农民专业合作社的扶持，农民专业合作社可以申请承担国家的有关涉农项目”。

6.2009 年中央 1 号文件

《中共中央、国务院关于促进农业稳定发展农民持续增收的若干意见》指出，“抓紧出台对涉农贷款定向实行税收减免和费用补贴、政策性金融对农业中长期信贷支持、农民专业合作社开展信用合作试点的具体办法”。

“加强合作社人员培训，各级财政给予经费支持。将合作社纳入税务登记系统，免收税务登记工本费。尽快制定金融支持合作社、有条件的合作社承担国家涉农项目的具体办法”。

7.2010 年中央 1 号文件

《中共中央、国务院关于加大统筹城乡发展力度　进一步夯实农业农村发展基础的若干意见》指出，“各级政府扶持的贷款担保公司要把农民专业合作社纳入服务范围，支持有条件的合作社兴办农村资金互助社”。

8.2012 年中央 1 号文件

《中共中央、国务院关于加快推进农业科技创新持续增强农产品供给保障能力的若干意见》指出，“持续加大财政用于‘三农’的支出，持续加大国家固定资产投资对农业农村的投入，持续加大农业科技投入，确保增量和比例均有提高。按照增加总量、扩大范围、完善机制的要求，继续加大农业补贴强度，新增补贴向主产区、种养大户、农民专业合作社倾斜”。

9.2013 年中央 1 号文件

《中共中央、国务院关于加快发展现代农业　进一步增强农村发展活力的若干意见》指出，“继续增加农业补贴资金规模，新增补贴向主产区和优势产区集中，向专业大户、家庭农场、农民合作社等新型生产经营主体倾斜。坚持依法自愿有偿原则，引导农村土地承包经营权有序流转，鼓励和支持承包土地向专业大户、家庭农场、农民合作社流转，发展多种形式的适度规模经营”。

“安排部分财政投资项目直接投向符合条件的合作社，引导国家补助项目形成的资产移交合作社管护，指导合作社建立健全项目资产管护机制。增加农民合作社发展资金，支持合作社改善生产经营条件、增强发展能力。逐步扩大农村土地整理、农业综合开发、农田水利建设、农技推广等涉农项目由合作社承担的规模。对示范社建设鲜活农产品仓储物流设施、兴办农产品加工业给予补助。在信用评定基础上对示范社开展联合授信，有条件的地方予以贷款贴息，规范合作社开展信用合作。完善合作社税收优惠政策，把合作社纳入国民经济统计并作为单独纳税主体列入税务登记，做好合作社发票领用等工作。创新适合合作社生产经营特点的保险产品和服务”。

“建立合作社带头人人才库和培训基地，广泛开展合作社带头人、经营管理人员和辅导员培训，引导高校毕业生到合作社工作。落实设施农用地政策，合作社生产设施用地和附属设施用地按农用地管理。引导农民合作社以产品和产业为纽带开展合作与联合，积极探索合作社联社登记管理办法”。

10.2014 年中央 1 号文件

《中共中央、国务院关于全面深化农村改革加快推进农业现代化的若干意见》指出，“允许财政项目资金直接投向符合条件的合作社，允许财政补助形成的资产转交合作社持有和管护，有关部门要建立规范透明的管理制度。推进财政支持农民合作社创新试点，引导发展农民专业合作社联合社”。

“落实和完善相关税收优惠政策，支持农民合作社发展农产品加工流通”。

11.2015 年中央 1 号文件

《中共中央、国务院关于加大改革创新力度加快农业现代化建设的若干意见》指出，“引导农民专业合作社拓宽服务领域，促进规范发展，实行年度报告公示制度，深入推进示范社创建行动”。

“积极探索新型农村合作金融发展的有效途径，稳妥开展农民合作社内部资金互助试点，落实地方政府监管责任”。

12.2016 年中央 1 号文件

《中共中央、国务院关于落实发展新理念加快农业现代化 实现全面小康目标的若干意见》指出，“积极扶持农民发展休闲旅游业合作社”，“支持供销合作社创办领办农民合作社，引领农民参与农村产业融合发展、分享产业链收益”。

“鼓励发展股份合作，引导农户自愿以土地经营权等入股龙头企业和农民合作社，采取‘保底收益 + 按股分红’等方式，让农户分享加工销售环节收益，建立健全风险防范机制。加强农民合作社示范社建设，支持合作社发展农产品加工流通和直供直销”。

“扩大在农民合作社内部开展信用合作试点的范围”。

“深入推进供销合作社综合改革，提升为农服务能力”。

（二）合作社享受的政策扶持

1. 产业政策扶持

《农民专业合作社法》第四十九条规定，国家支持发展农业和农村经济的建设项目，可以委托和安排有条件的农民专业合作社实施。

农民合作社作为市场经营主体，由于竞争实力较弱，应当给予产业政策支持，把合作社作为实施国家农业支持保护体系的重要方面。符合条件的农民合作社可以按照政府有关部门项目指南的要求，向项目主管部门提出承担项目申请，经项目主管部门批准后实施。

2. 财政政策扶持

《农民专业合作社法》第五十条规定，中央和地方财政应当分别安排资金，支持农民专业合作社开展信息培训、农产品质量标准与认证、农业生产基础设施建设、市场营销和技术推广等服务。对民族地区、边远地区和贫困地区的农民专业合作社和生产国家与社会急需的重要农产品的农民专业合作社给予优先扶持。

2008 年起，农业部和各省（自治区、直辖市）农业部门开始组织开展农民专业合作社示范社建设，每年评定一批全国、省级和市（县）级农民专业合作社示范社，并适当给予奖励。

财政扶持一般有财政项目奖补和财政贴息贷款。财政项目奖补，例如有的合作社申请基础设施建设项目，中央财政和地方财政给予资金补贴。

财政贴息贷款的政策散见于中央和地方的一些文件中。

财政部《2016 年国家农业综合开发产业化经营项目申报指南》规定，财政补助项目鼓励各地采取“先建后补”的管理方式；贷款贴息采取“先选项后结算”方式，由地方农发机构编制贷款项目计划，翌年根据实际获得的贷款及付息进行贴息。

地方政策，例如山西省《关于进一步鼓励和支持农民专业合作经济组织发展的若干意见》（晋政办发〔2005〕87 号）规定，对农民专业合作经济组织的贷款利息各级财政可适当给予贴息。鼓励农产品加工企业联合农民专业合作经济组织建立贷款担保机构，为农民专业合作经济组织提供贷款担保。

3. 金融政策扶持

《农民专业合作社法》第五十一条规定，国家政策性金融机构应当采取多种形式，为农民专业合作社提供多渠道的资金支持。具体支持政策由国务院规定。国家鼓励商业性金融机构采取多种形式，为农民专业合作社提供金融服务。

《关于做好农民专业合作社金融服务工作的意见》（银监发〔2009〕13 号）规定，各农村合作金融机构要按照“先评级—后授信—再用信”的程序，把农民专业合作社全部纳入信用评定范围。对符合相关条件的农民专业合作社，鼓励把对农民专业合作社法人授信与对合作社成员单体授信结合起来，建立农业贷款绿色通道，采取“宜户则户、宜社则社”的办法，提供信贷优惠和服务便利。将农户信用贷款和联保贷款机制引入农民专业合作社信贷领域，积极满足农民专业合作社小额贷款需求。对资金需求量较大的，可运用政府风险金担保、农业产业化龙头企业担保等抵押担保方式给予资金支持。对于遭受自然灾害等不可抗力原因导致贷款拖欠的农民专业合作社，可按照商业原则适当延长贷款期限，并根据需要适当追加贷款投入，帮助其恢复生产发展。鼓励进一步探索扩大农民专业合作社申请贷款可用于担保的财产范围，创新各类符合法律规定和实际需要的农（副）产品订单、保单、仓单等权利以及农用生产设备、机械、林权、水域滩涂使用权等财产抵（质）押贷款品种。鼓励发展自助可循环流动资金贷款品种，做到一次申请，统一授信，周转使用。

地方政策，例如山西省《关于进一步鼓励和支持农民专业合作经济组织发展的若干意见》（晋政办发〔2005〕87号）规定，要根据农民专业合作经济组织正常生产周期和贷款用途合理确定贷款期限，贷款利率适当优惠。

4. 税收政策扶持

《农民专业合作社法》第五十二条规定，农民专业合作社享受国家规定的对农业生产、加工、流通、服务和其他涉农经济活动相应的税收优惠。支持农民专业合作社发展的其他税收优惠政策，由国务院规定。

（1）增值税优惠。《财政部、国家税务总局关于农民专业合作社有关税收政策的通知》（财税〔2008〕81号）规定，对农民专业合作社销售本社成员生产的农业产品，视同农业生产者销售自产农业产品免征增值税；增值税一般纳税人从农民专业合作社购进的免税农业产品，可按13%的扣除率计算抵扣增值税进项税额；对农民专业合作社向本社成员销售的农膜、种子、种苗、化肥、农药、农机，免征增值税。

《中华人民共和国增值税暂行条例实施细则》（2009年1月1日起施行）规定，农业生产单位和个人销售自产的初级农产品可以免征增值税，包括种植业、养殖业、林业、牧业和水产业。

《财政部、国家税务总局关于若干农业生产资料免征增值税政策的通知》（财税〔2001〕113号）规定，生产销售农膜，除尿素以外的氮肥、除磷酸二铵以外的磷肥、钾肥以及以免税化肥为主要原料的复混肥，部分农药和除草剂，批发和零售种子、种苗、化肥、农药、农机等实行免征增值税。

《中华人民共和国增值税暂行条例》（2009年1月1日起施行）规定，

纳税人销售或者进口粮食、食用植物油及饲料、化肥、农药、农机、农膜可以享受11%的增值税优惠税率；直接用于科学研究、科学试验和教学的进口仪器、设备，免征增值税。

地方省份也出台了针对合作社的增值税优惠政策。例如：《江苏省农民专业合作社条例》规定，合作社销售本社成员生产的农产品，应当开具普通发票。增值税一般纳税人从合作社购进的免税农产品，可以凭合作社开具的普通发票，按照国家规定的扣除率计算抵扣增值税进项税额。广东省《关于进一步加强农民专业合作社税收管理有关问题的通知》，规定合作社销售本社成员生产的农业产品，视同农业生产者销售自产农业产品免征增值税，可开具农产品销售发票，不得开具增值税专用发票。

浙江、江西等地扩大增值税优惠范围。例如，《浙江省农民专业合作社条例》规定，合作社销售非成员农产品不超过合作社成员自产农产品总额部分，视同农户自产自销。江西省农业厅等八部门《关于加快农民专业合作社发展的若干意见》规定，合作社兴办的林产品加工企业以采伐剩余物、造林剩余物、加工剩余物“三剩物”和次小薪材为原料生产加工的综合利用产品，增值税实行即征即返。

（2）印花税优惠。《财政部、国家税务总局关于农民专业合作社有关税收政策的通知》（财税〔2008〕81号）规定，对农民专业合作社与本社成员签订的农业产品和农业生产资料购销合同，免征印花税。

《中华人民共和国印花税暂行条例施行细则》（财税字〔1988〕第225号）第十三条规定，国家指定的收购部门与村民委员会、农民个人书立的农副产品收购合同，免征印花税。

《国家税务局关于对保险公司征收印花税有关问题的通知》（国税地字〔1988〕37号）规定，农林作物、牧业畜类保险合同，免征印花税。

（3）所得税优惠。按照财政部对全国人大代表有关建议的答复（财农便〔2009〕201号），农民合作社参照企业所得税法关于一般企业的规定，享受企业所得税的减免政策。

《中华人民共和国企业所得税法实施条例》（2008年1月1日起施行）第八十六条规定，企业所得税法第二十七条第（一）项规定的企业从事农、林、牧、渔业项目的所得，可以免征、减征企业所得税，具体项目详见表7-1。

表 7-1 免征、减征企业所得税项目表

序号	免征企业所得税的项目	减半征收企业所得税的项目
1	蔬菜、谷物、薯类、油料、豆类、棉花、麻类、糖料、水果、坚果的种植	花卉、茶以及其他饮料作物和香料作物的种植
2	农作物新品种的选育	海水养殖、内陆养殖
3	中药材的种植	—
4	林木的培育和种植	—
5	牲畜、家禽的饲养	—
6	林产品的采集	—
7	灌溉、农产品初加工、兽医、农技推广、农机作业和维修等农、林、牧、渔服务业项目	—
8	远洋捕捞	—

除了中央的所得税优惠政策外，许多省（市、区）又制定了针对农民合作社的所得税优惠政策。

例如，浙江省规定，农民合作社兴办第三产业，按规定在一定期限内减征或免征所得税，按企业应交所得税额减征 10% 用于补助农民合作社开展为农服务等社会性支出。

河北省规定，在国家确定的革命老区、少数民族地区、边远山区、贫困地区，农民合作社兴办的企业经税务主管部门批准，可减征或免征企业所得税 3 年。

江西省八部门意见规定，合作社提供的技术服务或劳务所取得的收入暂免征收所得税。

四川省规定，合作社新办服务性企业，或者为农业生产的产前、产中、产后提供技术服务或劳务所得，如符合税收优惠条件，可按税法规定享受企业所得税减免优惠。

（4）营业税优惠。《中华人民共和国营业税暂行条例》（2009 年 1 月 1 日起施行）第八条第五款规定，对于农业机耕、排灌、病虫害防治、植物保护、农牧保险以及相关技术培训业务，家禽、牲畜、水生动物的配种和疾病防治，免征营业税。

5. 其他政策扶持

（1）工商登记优惠政策。根据《农民专业合作社登记管理条例》《关于农民专业合作社登记管理的若干意见》，工商行政管理部门对申请办理农民专业合作社登记的，不收取费用，包括登记费、执照工本费等。基层工商登记机关要设立农民专业合作社登记的服务窗口和“绿色通道”，免费为农民专业合作社申办者提供政策法规方面的咨询服务，提供申请、受理、审批一站式服务。

（2）税务登记优惠政策。重庆、广东、山东、安徽、辽宁等地免征农民合作社税务登记证工本费。

（3）农产品流通政策。鼓励和引导合作社与城市大型连锁超市、高校食堂、农资生产企业等各类市场主体实现产、供、销衔接。

（4）人才支持政策。从 2011 年起组织实施现代农业人才支撑计划，每年培养 1 500 名合作社带头人。继续把农民专业合作社人才培训纳入“阳光工程”，重点培训合作社带头人、财会人员和基层合作社辅导员。鼓励大学生村干部参与、领办合作社。

（5）用水、用电、用地政策。规模化生猪、蔬菜等生产的用水、用电与农业同价。电力部门对粮食烘干机械用电按农业生产用电价格从低执行的政策。

一些地方也出台了有关扶持政策。

例如《浙江省农民专业合作社条例》第五条规定，各级人民政府应当鼓励和支持合作社发展，在资金、税收、科技、人才、用地、供水、供电、交通等方面制定具体措施予以扶持。

山西省《关于进一步鼓励和支持农民专业合作经济组织发展的若干意见》（晋政办发〔2005〕87 号）规定，中介机构接受行政机关委托对农民专业合作经济组织进行检验、审查、审核、咨询、产品检测、评估、无公害农产品产地认定、绿色食品标志认证等，其费用由委托单位支付，不得向农民专业合作经济组织收取任何费用。

二、政府支持农民合作社发展的具体项目

除了中央和地方支持合作社发展的扶持政策外，中央财政和地方财政也专门安排了资金支持合作社的发展。从 2003 年起，农业部组织实施了合作社示

范项目，财政部也组织实施了支持合作社发展项目。

农业部、财政部2011年《关于支持有条件的农民专业合作社承担国家有关涉农项目的意见》规定，今后新增的涉农项目，只要适合合作社承担的，都应将合作社纳入申报范围，明确申报条件。支持合作社承担的涉农项目主要包括：支持农业生产、农业基础设施建设、农业装备保障能力建设和农村社会事业发展的有关财政资金项目和中央预算内投资项目。凡适合合作社承担的，均应积极支持有条件的合作社承担。

一般来说，合作社可以申请的项目主要有国家农业综合开发产业化经营项目、财政部农民专业合作社示范项目、农业部农民专业合作社标准化示范项目、农业部农民合作社示范社建设项目、省级农民专业合作社规范化建设项目、地方农民专业合作社示范项目等。各类项目均明确了针对合作社的申报条件、申报程序、提交的申报材料、项目资金使用范围及管理办法等。

附录 1 农民专业合作社登记管理条例

（2007 年 5 月 28 日中华人民共和国国务院令第 498 号公布，2014 年 2 月 19 日中华人民共和国国务院令第 648 号《国务院关于废止和修改部分行政法规的决定》修订公布，自 2014 年 3 月 1 日起施行）

第一章　总　则

第一条　为了确认农民专业合作社的法人资格，规范农民专业合作社登记行为，依据《中华人民共和国农民专业合作社法》，制定本条例。

第二条　农民专业合作社的设立、变更和注销，应当依照《中华人民共和国农民专业合作社法》和本条例的规定办理登记。

申请办理农民专业合作社登记，申请人应当对申请材料的真实性负责。

第三条　农民专业合作社经登记机关依法登记，领取农民专业合作社法人营业执照（以下简称营业执照），取得法人资格。未经依法登记，不得以农民专业合作社名义从事经营活动。

第四条　工商行政管理部门是农民专业合作社登记机关。国务院工商行政管理部门负责全国的农民专业合作社登记管理工作。

农民专业合作社由所在地的县（市）、区工商行政管理部门登记。

国务院工商行政管理部门可以对规模较大或者跨地区的农民专业合作社的登记管辖做出特别规定。

第二章 登记事项

第五条 农民专业合作社的登记事项包括：

（一）名称；

（二）住所；

（三）成员出资总额；

（四）业务范围；

（五）法定代表人姓名。

第六条 农民专业合作社的名称应当含有“专业合作社”字样，并符合国家有关企业名称登记管理的规定。

第七条 农民专业合作社的住所是其主要办事机构所在地。

第八条 农民专业合作社成员可以用货币出资，也可以用实物、知识产权等能够用货币估价并可以依法转让的非货币财产作价出资。成员以非货币财产出资的，由全体成员评估作价。成员不得以劳务、信用、自然人姓名、商誉、特许经营权或者设定担保的财产等作价出资。

成员的出资额以及出资总额应当以人民币表示。成员出资额之和为成员出资总额。

第九条 农民专业合作社以其成员为主要服务对象，业务范围可以有农业生产资料购买，农产品销售、加工、运输、贮藏以及与农业生产经营有关的技术、信息等服务。

农民专业合作社的业务范围由其章程规定。

第十条 农民专业合作社理事长为农民专业合作社的法定代表人。

第三章 设立登记

第十一条 申请设立农民专业合作社，应当由全体设立人指定的代表或者委托的代理人向登记机关提交下列文件：

（一）设立登记申请书；

（二）全体设立人签名、盖章的设立大会纪要；

（三）全体设立人签名、盖章的章程；

（四）法定代表人、理事的任职文件和身份证明；

（五）载明成员的姓名或者名称、出资方式、出资额以及成员出资总额，并经全体出资成员签名、盖章予以确认的出资清单；

（六）载明成员的姓名或者名称、公民身份号码或者登记证书号码和住所的成员名册，以及成员身份证明；

（七）能够证明农民专业合作社对其住所享有使用权的住所使用证明；

（八）全体设立人指定代表或者委托代理人的证明。

农民专业合作社的业务范围有属于法律、行政法规或者国务院规定在登记前须经批准的项目的，应当提交有关批准文件。

第十二条　农民专业合作社章程含有违反《中华人民共和国农民专业合作社法》以及有关法律、行政法规规定的内容的，登记机关应当要求农民专业合作社做相应修改。

第十三条　具有民事行为能力的公民，以及从事与农民专业合作社业务直接有关的生产经营活动的企业、事业单位或者社会团体，能够利用农民专业合作社提供的服务，承认并遵守农民专业合作社章程，履行章程规定的入社手续的，可以成为农民专业合作社的成员。但是，具有管理公共事务职能的单位不得加入农民专业合作社。

第十四条　农民专业合作社应当有 5 名以上的成员，其中农民至少应当占成员总数的 80%。

成员总数 20 人以下的，可以有 1 个企业、事业单位或者社会团体成员；成员总数超过 20 人的，企业、事业单位和社会团体成员不得超过成员总数的 5%。

第十五条　农民专业合作社的成员为农民的，成员身份证明为农业人口户口簿；无农业人口户口簿的，成员身份证明为居民身份证和土地承包经营权证或者村民委员会（居民委员会）出具的身份证明。

农民专业合作社的成员不属于农民的，成员身份证明为居民身份证。

农民专业合作社的成员为企业、事业单位或者社会团体的，成员身份证明为企业法人营业执照或者其他登记证书。

第十六条　申请人提交的登记申请材料齐全、符合法定形式，登记机关能够当场登记的，应予当场登记，发给营业执照。

除前款规定情形外，登记机关应当自受理申请之日起 20 日内，做出是否登记的决定。予以登记的，发给营业执照；不予登记的，应当给予书面答复，并说明理由。

营业执照签发日期为农民专业合作社成立日期。

第十七条　营业执照分为正本和副本，正本和副本具有同等法律效力。

营业执照正本应当置于农民专业合作社住所的醒目位置。

国家推行电子营业执照。电子营业执照与纸质营业执照具有同等法律效力。

第十八条　营业执照遗失或者毁坏的，农民专业合作社应当申请补领。

任何单位和个人不得伪造、变造、出租、出借、转让营业执照。

第十九条　农民专业合作社的登记文书格式，营业执照的正本、副本样式以及电子营业执照标准，由国务院工商行政管理部门制定。

第四章　变更登记和注销登记

第二十条　农民专业合作社的名称、住所、成员出资总额、业务范围、法定代表人姓名发生变更的，应当自做出变更决定之日起 30 日内向原登记机关申请变更登记，并提交下列文件：

（一）法定代表人签署的变更登记申请书；

（二）成员大会或者成员代表大会做出的变更决议；

（三）法定代表人签署的修改后的章程或者章程修正案；

（四）法定代表人指定代表或者委托代理人的证明。

第二十一条　农民专业合作社变更业务范围涉及法律、行政法规或者国务院规定须经批准的项目的，应当自批准之日起 30 日内申请变更登记，并提交有关批准文件。

农民专业合作社的业务范围属于法律、行政法规或者国务院规定在登记前须经批准的项目有下列情形之一的，应当自事由发生之日起 30 日内申请变更登记或者依照本条例的规定办理注销登记：

（一）许可证或者其他批准文件被吊销、撤销的；

（二）许可证或者其他批准文件有效期届满的。

第二十二条　农民专业合作社成员发生变更的，应当自本财务年度终了之日起30日内，将法定代表人签署的修改后的成员名册报送登记机关备案。其中，新成员入社的还应当提交新成员的身份证明。

农民专业合作社因成员发生变更，使农民成员低于法定比例的，应当自事由发生之日起6个月内采取吸收新的农民成员入社等方式使农民成员达到法定比例。

第二十三条　农民专业合作社修改章程未涉及登记事项的，应当自做出修改决定之日起30日内，将法定代表人签署的修改后的章程或者章程修正案报送登记机关备案。

第二十四条　变更登记事项涉及营业执照变更的，登记机关应当换发营业执照。

第二十五条　成立清算组的农民专业合作社应当自清算结束之日起30日内，由清算组全体成员指定的代表或者委托的代理人向原登记机关申请注销登记，并提交下列文件：

（一）清算组负责人签署的注销登记申请书；

（二）农民专业合作社依法做出的解散决议，农民专业合作社依法被吊销营业执照或者被撤销的文件，人民法院的破产裁定、解散裁判文书；

（三）成员大会、成员代表大会或者人民法院确认的清算报告；

（四）营业执照；

（五）清算组全体成员指定代表或者委托代理人的证明。

因合并、分立而解散的农民专业合作社，应当自做出解散决议之日起30日内，向原登记机关申请注销登记，并提交法定代表人签署的注销登记申请书、成员大会或者成员代表大会做出的解散决议以及债务清偿或者债务担保情况的说明、营业执照和法定代表人指定代表或者委托代理人的证明。

经登记机关注销登记，农民专业合作社终止。

第五章　法律责任

第二十六条　提交虚假材料或者采取其他欺诈手段取得农民专业合作社登记的，由登记机关责令改正；情节严重的，撤销农民专业合作社登记。

第二十七条　农民专业合作社有下列行为之一的，由登记机关责令改正；

情节严重的，吊销营业执照：

（一）登记事项发生变更，未申请变更登记的；

（二）因成员发生变更，使农民成员低于法定比例满 6 个月的；

（三）从事业务范围以外的经营活动的；

（四）变造、出租、出借、转让营业执照的。

第二十八条　农民专业合作社有下列行为之一的，由登记机关责令改正：

（一）未依法将修改后的成员名册报送登记机关备案的；

（二）未依法将修改后的章程或者章程修正案报送登记机关备案的。

第二十九条　登记机关对不符合规定条件的农民专业合作社登记申请予以登记，或者对符合规定条件的登记申请不予登记的，对直接负责的主管人员和其他直接责任人员，依法给予处分。

第六章　附　则

第三十条　农民专业合作社可以设立分支机构，并比照本条例有关农民专业合作社登记的规定，向分支机构所在地登记机关申请办理登记。农民专业合作社分支机构不具有法人资格。

农民专业合作社分支机构有违法行为的，适用本条例的规定进行处罚。

第三十一条　登记机关办理农民专业合作社登记不得收费。

第三十二条　建立农民专业合作社年度报告制度。农民专业合作社年度报告办法由国务院工商行政管理部门制定。

第三十三条　本条例施行前设立的农民专业合作社，应当自本条例施行之日起 1 年内依法办理登记。

第三十四条　本条例自 2007 年 7 月 1 日起施行。

附录2
农民专业合作社章程（摘录）

本示范章程中的楷体文字部分为解释性规定或示范性范例，其他字体部分为示范性规定。农民专业合作社根据自身实际情况，参照本示范章程制定和修正本社章程。

________专业合作社章程

【______年____月____日召开设立大会，由全体设立人一致通过。】

第一章 总 则

第一条 为保护成员的合法权益，增加成员收入，促进本社发展，依照《中华人民共和国农民专业合作社法》和有关法律、法规、政策，制定本章程。

第二条 本社由__________【注：全部发起人姓名或名称】等______人发起（其中，农民成员______人，占成员总数的_____%）。于______年____月____日召开设立大会。

本社名称：____________合作社，成员出资总额________元。

本社法定代表人：___________【注：理事长姓名】。

本社住所：__________________，邮政编码：________。

第三条 本社以服务成员、谋求全体成员的共同利益为宗旨。成员入社自愿，退社自由，地位平等，民主管理，实行自主经营，自负盈亏，利益共享，风险共担，盈余主要按照成员与本社的交易量（额）比例返还。

第四条 本社以成员为主要服务对象，依法为成员提供农业生产资料的购买，农产品的销售、加工、运输、贮藏以及与农业生产经营有关的技术、信息等服务。主要业务范围如下：【注：根据实际情况填写。如：

（一）组织采购、供应成员所需的生产资料；

（二）组织收购、销售成员及同类生产经营者生产的产品；

（三）开展成员所需的运输、贮藏、加工、包装等服务；

（四）引进新技术、新品种，开展与农业生产经营相关的技术培训、技术交流和咨询服务等。

上述内容以工商行政管理部门所核定的经营范围为准。】

第五条 本社对由成员出资、公积金、国家财政直接补助、他人捐赠以及合法取得的其他资产所形成的财产，享有占有、使用和处分的权利，并以上述财产对债务承担责任。

第六条 本社每年提取的公积金，按照成员与本社业务交易量（额）【注：或者出资额，也可以两者相结合】依比例量化为每个成员所有的份额。由国家财政直接补助和他人捐赠形成的财产平均量化为每个成员的份额，作为可分配盈余分配的依据之一。

本社为每个成员设立个人账户，主要记载该成员的出资额、量化为该成员的公积金份额以及该成员与本社的业务交易量（额）。

本社成员以其个人账户内记载的出资额和公积金份额为限对本社承担责任。

第七条 经成员大会讨论通过，本社投资兴办与本社业务内容相关的经济实体；接受与本社业务有关的单位委托，办理代购代销等中介服务；向政府有关部门申请或者接受政府有关部门委托，组织实施国家支持发展农业和农村经济的建设项目；按决定的数额和方式参加社会公益捐赠。【注：上述业务农民专业合作社可选择进行。】

第八条 本社及全体成员遵守社会公德和商业道德，依法开展生产经营活动。

第二章 成员

第九条 具有民事行为能力的公民，从事______【注：业务范围内的主业农副产品名称】生产经营，能够利用并接受本社提供的服务，承认并遵守本章程，履行本章程规定的入社手续的，可申请成为本社成员。本社吸收从事与本社业务直接有关的生产经营活动的企业、事业单位或者社会团体为团体成员【注：农民专业合作社可以根据自身发展的实际情况决定是否吸收团体成员，此类成员不得超过成员总数的5%】。具有管理公共事务职能的单位不得加入本社。本社成员中，农民成员至少占成员总数的80%。

【注：农民专业合作社章程还可以规定入社成员的其他条件，如：具有一定的生产经营规模或经营服务能力等。具体可表述为：养殖规模达到_____以上或者种植规模达到_____以上。】

第十条　凡符合前条规定，向本社理事会【注：或者理事长（不设理事会的情形，以下雷同注解同此）】提交书面入社申请，经成员大会【注：或者理事会】审核并讨论通过者，即成为本社成员。

第十一条　本社成员的权利：

（一）参加成员大会，并享有表决权、选举权和被选举权；

（二）利用本社提供的服务和生产经营设施；

（三）按照本章程规定或者成员大会决议分享本社盈余；

（四）查阅本社章程、成员名册、成员大会记录、理事会会议决议、监事会会议决议、财务会计报告和会计账簿；

（五）对本社的工作提出质询、批评和建议；

（六）提议召开临时成员大会；

（七）自由提出退社声明，依照本章程规定退出本社；

（八）成员共同议决的其他权利。【注：如不做具体规定此项可删除】

第十二条　本社成员大会选举和表决，实行一人一票制，成员各享有一票基本表决权。

出资额占本社成员出资总额_____%以上或者与本社业务交易量（额）占本社总交易量（额）_____%以上的成员，在本社_____等事项【注：如重大财产处置、投资兴办经济实体、对外担保和生产经营活动中的其他事项】决策方面，最多享有_____票的附加表决权【注：附加表决权总票数，依法不得超过本社成员基本表决权总票数的20%】。享有附加表决权的成员及其享有的附加表决权数，在每次成员大会召开时告知出席会议的成员。

第十三条　本社成员的义务：

（一）遵守本社章程和各项规章制度，执行成员大会和理事会的决议；

（二）按照章程规定向本社出资；

（三）积极参加本社各项业务活动，接受本社提供的技术指导，按照本社规定的质量标准和生产技术规程从事生产，履行与本社签订的业务合同，发扬互助协作精神，谋求共同发展；

（四）维护本社利益，爱护生产经营设施，保护本社成员共有财产；

（五）不从事损害本社成员共同利益的活动；

（六）不得以其对本社或者本社其他成员所拥有的债权，抵销已认购或已认购但尚未缴清的出资额；不得以已缴纳的出资额，抵销其对本社或者本社其他成员的债务；

（七）承担本社的亏损；

（八）成员共同议决的其他义务。【注：如不做具体规定此项可删除】

第十四条　成员有下列情形之一的，终止其成员资格：

（一）主动要求退社的；

（二）丧失民事行为能力的；

（三）死亡的；

（四）团体成员所属企业或组织破产、解散的；

（五）被本社除名的。

第十五条　成员要求退社的，须在会计年度终了的3个月前向理事会提出书面声明，方可办理退社手续；其中，团体成员退社的，须在会计年度终了的6个月前提出。退社成员的成员资格于该会计年度结束时终止。资格终止的成员须分摊资格终止前本社的亏损及债务。

成员资格终止的，在该会计年度决算后______个月内【注：不应超过3个月】，退还记载在该成员账户内的出资额和公积金份额。如本社经营盈余，按照本章程规定返还其相应的盈余所得；如经营亏损，扣除其应分摊的亏损金额。

成员在其资格终止前与本社已订立的业务合同应当继续履行。【注：也可以依照退社时与本社的约定确定】

第十六条　成员死亡的，其法定继承人符合法律及本章程规定的条件的，在______个月内提出入社申请，经成员大会【注：或者理事会】讨论通过后办理入社手续，并承继被继承人与本社的债权债务。否则，按照第十五条的规定办理退社手续。

第十七条　成员有下列情形之一的，经成员大会【注：或者理事会】讨论通过予以除名：

（一）不履行成员义务，经教育无效的；

（二）给本社名誉或者利益带来严重损害的；

（三）成员共同议决的其他情形。【注：如不做具体规定此项可删除】

本社对被除名成员，退还记载在该成员账户内的出资额和公积金份额，结清其应承担的债务，返还其相应的盈余所得。因前款第二项被除名的，须对本社做出相应赔偿。

第三章　组织机构

第十八条　成员大会是本社的最高权力机构，由全体成员组成。

成员大会行使下列职权：

（一）审议、修改本社章程和各项规章制度；

（二）选举和罢免理事长、理事、执行监事或者监事会成员；

（三）决定成员入社、退社、继承、除名、奖励、处分等事项；【注：如设立理事会此项可删除】

（四）决定成员出资标准及增加或者减少出资；

（五）审议本社的发展规划和年度业务经营计划；

（六）审议批准年度财务预算和决算方案；

（七）审议批准年度盈余分配方案和亏损处理方案；

（八）审议批准理事会、执行监事或者监事会提交的年度业务报告；

（九）决定重大财产处置、对外投资、对外担保和生产经营活动中的其他重大事项；

（十）对合并、分立、解散、清算和对外联合等做出决议；

（十一）决定聘用经营管理人员和专业技术人员的数量、资格、报酬和任期；

（十二）听取理事长或者理事会关于成员变动情况的报告；

（十三）决定设立、撤销分支机构。

（十四）决定其他重大事项。【注：如不做具体规定此项可删除】

第十九条　本社成员超过150人时，选举组成成员代表大会【注：可具体规定成员代表大会的成员代表的总数，或规定每_____名成员选举一名成员代表，或者其他详细的规定】。成员代表大会履行成员大会的_____、_____等【注：指第十八条规定的部分或者全部职权】职权。成员代表任期年，可以连选连任。【注：成员总数达到150人的农民专业合作社可以根据自身发展的实际情况决定是否设立成员代表大会。如不设立，此条可删除】

第二十条　本社每年召开_____次成员大会【注：至少于会计年度末召开一次成员大会。】成员大会由_____【注：理事长或者理事会】负责召集，并提前15日向全体成员通报会议内容。

第二十一条　有下列情形之一的，本社在20日内召开临时成员大会：

（一）30%以上的成员提议；

（二）执行监事或者监事会提议；【注：如不设立执行监事或监事会，此项可删除】

（三）理事会提议；

（四）成员共同议决的其他情形。【注：如不做具体规定此项可删除】

理事长【注：或者理事会，与第二十条对应】不能履行或者在规定期限内没有正当理由不履行职责召集临时成员大会的，执行监事或者监事会在_____日内召集并主持临时成员大会。【注：如不设立执行监事或监事会，此款可删除】

第二十二条　成员大会须有本社成员总数的2/3以上出席方可召开。成员因故不能参加成员大会，可以书面委托其他成员代理。一名成员最多只能代理_____名成员表决。

成员大会选举或者做出决议，须经本社成员表决权总数过半数通过；对修改本社章程，改变成员出资标准，增加或者减少成员出资，合并、分立、解散、清算和对外联合等重大事项做出决议的，须经成员表决权总数2/3以上的票数通过。成员代表大会的代表以其受成员书面委托的意见及表决权数，在成员代表大会上行使表决权。

【注：成员代表大会依本章程规定行使成员大会职权的，可参照上述成员代表大会选举或做出决议的程序和规则做出具体规定，且成员代表大会代表的成员表决权总数须符合上述规定】

第二十三条　本社设理事长1名，为本社的法定代表人。理事长任期

_____年，可连选连任。

理事长行使下列职权：

（一）主持成员大会，召集并主持理事会会议；

（二）签署本社成员出资证明；

（三）签署聘任或者解聘本社经理、财务会计人员和其他专业技术人员聘书；

（四）组织实施成员大会和理事会决议，检查决议实施情况；

（五）代表本社签订合同等。

（六）履行成员大会授予的其他职权。【注：如不做具体规定此项可删除】

第二十四条　本社设理事会，对成员大会负责，由_____名成员组成，设副理事长_____人。理事会成员任期_____年，可连选连任。

理事会【注：或者理事长】行使下列职权：

（一）组织召开成员大会并报告工作，执行成员大会决议；

（二）制订本社发展规划、年度业务经营计划、内部管理规章制度等，提交成员大会审议；

（三）制订年度财务预决算、盈余分配和亏损弥补等方案，提交成员大会审议；

（四）组织开展成员培训和各种协作活动；

（五）管理本社的资产和财务，保障本社的财产安全；

（六）接受、答复、处理执行监事或者监事会提出的有关质询和建议；

（七）决定成员入社、退社、继承、除名、奖励、处分等事项；【注：如不设立理事会此项可删除】

（八）决定聘任或者解聘本社经理、财务会计人员和其他专业技术人员；

（九）履行成员大会授予的其他职权。【注：如不做具体规定此项可删除】

第二十五条　理事会会议的表决，实行一人一票。重大事项集体讨论，并经 2/3 以上理事同意方可形成决定。理事个人对某项决议有不同意见时，其意见记入会议记录并签名。理事会会议邀请执行监事或者监事长、经理和_____名成员代表列席，列席者无表决权。

【注：农民专业合作社可以根据自身发展的实际情况决定是否设立理事会。如不设立理事会，第二十四条第一款、第二十五条中的相关内容可删除。】

第二十六条　本社设执行监事 1 名，代表全体成员监督检查理事会和工作人员的工作。执行监事列席理事会会议。

第二十七条　本社设监事会，由_____名监事组成，设监事长 1 人，监事长和监事会成员任期_____年，可连选连任。监事长列席理事会会议。

监事会【注：或者执行监事（不设监事会、只有 1 名监事的情形）】行使下列职权：

（一）监督理事会对成员大会决议和本社章程的执行情况；

（二）监督检查本社的生产经营业务情况，负责本社财务审核监察工作；

（三）监督理事长或者理事会成员和经理履行职责情况；

（四）向成员大会提出年度监察报告；

（五）向理事长或者理事会提出工作质询和改进工作的建议；

（六）提议召开临时成员大会；

（七）代表本社负责记录理事与本社发生业务交易时的业务交易量（额）情况；

（八）履行成员大会授予的其他职责。【注：如不做具体规定此项可删除】

卸任理事须待卸任_____年后【注：填写本章程第二十三条规定的理事长任期】方能当选监事。

第二十八条　监事会会议由监事长召集，会议决议以书面形式通知理事会。理事会在接到通知后_____日内就有关质询做出答复。

第二十九条　监事会会议的表决实行一人一票制。监事会会议须有 2/3 以上的监事出席方能召开。重大事项的决议须经 2/3 以上监事同意方能生效。监事个人对某项决议有不同意见时，其意见记入会议记录并签名。

【注：农民专业合作社可以根据自身发展的实际情况决定是否设执行监事和监事会。如不设立，第二十七条、第二十八条、第二十九条相关内容可删除。】

第三十条　本社经理由理事会【注：或者理事长】聘任或者解聘，对理事会【注：或者理事长】负责，行使下列职权：

（一）主持本社的生产经营工作，组织实施理事会决议；

（二）组织实施年度生产经营计划和投资方案；

（三）拟订经营管理制度；

（四）提请聘任或者解聘财务会计人员和其他经营管理人员；

（五）聘任或者解聘除应由理事会聘任或者解聘之外的经营管理人员和其他工作人员；

（六）理事会授予的其他职权。【注：如不做具体规定此项可删除】

本社理事长或者理事可以兼任经理。

第三十一条　本社现任理事长、理事、经理和财务会计人员不得兼任监事。

第三十二条　本社理事长、理事和管理人员不得有下列行为：

（一）侵占、挪用或者私分本社资产；

（二）违反章程规定或者未经成员大会同意，将本社资金借贷给他人或者以本社资产为他人提供担保；

（三）接受他人与本社交易的佣金归为己有；

（四）从事损害本社经济利益的其他活动；

（五）兼任业务性质相同的其他农民专业合作社的理事长、理事、监事、经理。

理事长、理事和管理人员违反前款第（一）项至第（四）项规定所得的收入，归本社所有；给本社造成损失的，须承担赔偿责任。

第四章　财务管理

第三十三条　本社实行独立的财务管理和会计核算，严格按照国务院财政部门制定的农民专业合作社财务制度和会计制度核定生产经营和管理服务过程中的成本与费用。

第三十四条　本社依照有关法律、行政法规和政府有关主管部门的规定，建立健全财务和会计制度，实行每月__日【注：或者每季度第__月__日】财务定期公开制度。

本社财会人员应持有会计从业资格证书，会计和出纳互不兼任。理事会、监事会成员及其直系亲属不得担任本社的财会人员。

第三十五条　成员与本社的所有业务交易，实名记载于各该成员的个人账户中，作为按交易量（额）进行可分配盈余返还分配的依据。利用本社提供服务的非成员与本社的所有业务交易，实行单独记账，分别核算。

第三十六条　会计年度终了时，由理事长【注：或者理事会】按照本章程规定，组织编制本社年度业务报告、盈余分配方案、亏损处理方案以及财务会计报告，经执行监事或者监事会审核后，于成员大会召开15日前，置备于办公地点，供成员查阅并接受成员的质询。

第三十七条　本社资金来源包括以下几项：

（一）成员出资；

（二）每个会计年度从盈余中提取的公积金、公益金；

（三）未分配收益；

（四）国家扶持补助资金；

（五）他人捐赠款；

（六）其他资金。

第三十八条　本社成员可以用货币出资，也可以用库房、加工设备、运输设备、农机具、农产品等实物、技术、知识产权或者其他财产权利作价出资，但不得以劳务、信用、自然人姓名、商誉、特许经营权或者设定担保的财产等作价出资。成员以非货币方式出资的，由全体成员评估作价。

第三十九条　本社成员认缴的出资额，须在_____个月内缴清。

第四十条　以非货币方式作价出资的成员与以货币方式出资的成员享受同等权利，承担相同义务。

经理事长【注：或者理事会】审核，成员大会讨论通过，成员出资可以转让给本社其他成员。

第四十一条　为实现本社及全体成员的发展目标需要调整成员出资时，经成员大会讨论通过，形成决议，每个成员须按照成员大会决议的方式和金额调整成员出资。

第四十二条　本社向成员颁发成员证书，并载明成员的出资额。成员证书同时加盖本社财务印章和理事长印鉴。

第四十三条　本社从当年盈余中提取_____%的公积金，用于扩大生产经营、弥补亏损或者转为成员出资。

【注：农民专业合作社可以根据自身发展的实际情况决定是否提取公积金。】

第四十四条　本社从当年盈余中提取_____%的公益金，用于成员的技术培训、合作社知识教育以及文化、福利事业和生活上的互助互济。其中，用于成员技术培训与合作社知识教育的比例不少于公益金数额的_____%。

【注：农民专业合作社可以根据自身发展的实际情况决定是否提取公益金。】

第四十五条　本社接受的国家财政直接补助和他人捐赠，均按本章程规定的方法确定的金额入账，作为本社的资金（产），按照规定用途和捐赠者意愿用于本社的发展。在解散、破产清算时，由国家财政直接补助形成的财产，不得作为可分配剩余资产分配给成员，处置办法按照国家有关规定执行；接受他人的捐赠，与捐赠者另有约定的，按约定办法处置。

第四十六条　当年扣除生产经营和管理服务成本，弥补亏损、提取公积金和公益金后的可分配盈余，经成员大会决议，按照下列顺序分配：

（一）按成员与本社的业务交易量（额）比例返还，返还总额不低于可分配盈余的_____%【注：依法不得低于60%，具体比例由成员大会讨论决定】；

（二）按前项规定返还后的剩余部分，以成员账户中记载的出资额和公积金份额，以及本社接受国家财政直接补助和他人捐赠形成的财产平均量化到成员的份额，按比例分配给本社成员，并记载在成员个人账户中。

第四十七条　本社如有亏损，经成员大会讨论通过，用公积金弥补，不足部分也可以用以后年度盈余弥补。

本社的债务用本社公积金或者盈余清偿，不足部分依照成员个人账户中记载的财产份额，按比例分担，但不超过成员账户中记载的出资额和公积金份额。

第四十八条　执行监事或者监事会负责本社的日常财务审核监督。根据成员大会【注：或者理事会】的决定【注：或者监事会的要求】，本社委托_____审计机构对本社财务进行年度审计、专项审计和换届、离任审计。